农业技术研发项目(2022JH‑JSYF‑0016)

大樱桃全程质量管控生产技术

杨 雍 王 婷 著

陕西新华出版
陕西科学技术出版社
Shaanxi Science and Technology Press
——西安——

图书在版编目(CIP)数据

大樱桃全程质量管控生产技术 / 杨雍，王婷著.
西安：陕西科学技术出版社，2024.9. -- ISBN 978 - 7
- 5369 - 9038 - 8

Ⅰ. S662.5

中国国家版本馆 CIP 数据核字第 20246C5X55 号

大樱桃全程质量管控生产技术

DAYINGTAO QUANCHENG ZHILIANG GUANKONG SHENGCHAN JISHU

杨 雍 王 婷 著

责任编辑 张 戬
封面设计 徐媛媛

出版者	陕西科学技术出版社
	西安市曲江新区登高路1388号陕西新华出版传媒产业大厦B座
	电话(029)81205187　传真(029)81205155　邮编710061
	http://www.snstp.com
发行者	陕西科学技术出版社
	电话(029)81205180　81205178
印刷者	西安新汇印务有限公司
规　格	787mm×1092mm　16 开本
印　张	16
字　数	310 千字
版　次	2024 年 9 月第 1 版
	2024 年 9 月第 1 次印刷
书　号	ISBN 978 - 7 - 5369 - 9038 - 8
定　价	49.80 元

版权所有　翻印必究

前言

为认真贯彻国家质量兴农战略规划，适应高质量农业发展的大趋势，结合大樱桃产业发展新形势，参照良好农业规范要求，进一步增强绿色优质农产品安全有效供给，助推樱桃产业转型升级，实现绿色可持续发展，我们参考国内外有关文献资料，编写了这本《大樱桃全程质量管控生产技术》，系统介绍大樱桃品种及砧木选择、产地环境控制、土肥水管理、大樱桃生长发育特征及生产管控、病虫害防治、采后质量控制及生产主体过程质量控制等全产业链关键环节，集成推广大樱桃质量安全综合管控生产技术。同时，编制了全程质量控制（CAQS-GAP）管理体系模板，以供各生产经营主体参考。

希望此书能成为各生产经营主体掌握大樱桃栽培技能和全程质量控制管理的好帮手，为基层科技推广工作者提供参考。

由于笔者水平有限，书中疏漏之处在所难免，恳请广大读者提出宝贵意见，以便进一步修改、完善和提高。

编 者

2024 年 6 月

目录

第一章 大樱桃的经济价值和发展前景 ·········· 1
   一、大樱桃的经济价值 ·········· 1
   二、大樱桃的发展前景 ·········· 2

第二章 大樱桃全程质量控制 ·········· 3
   一、组织管理 ·········· 3
   二、制度文件管理 ·········· 4
   三、生产技术要求 ·········· 4
   四、产品质量管理 ·········· 7
   五、内部自查 ·········· 8

第三章 优良品种选择及砧木繁育 ·········· 9
   一、品种选择原则 ·········· 9
   二、大樱桃优良品种 ·········· 9
   三、砧木选择 ·········· 15
   四、品种配置 ·········· 16
   五、苗木繁育技术 ·········· 17

第四章 产地环境控制 ·········· 23
   一、环境条件的要求 ·········· 23
   二、产地环境控制 ·········· 25
   三、园地规划 ·········· 26
   四、苗木栽植 ·········· 28
   五、改良更新建园 ·········· 31

第五章 土肥水管理技术 ······ 34
一、土壤管理 ······ 34
二、水分管理 ······ 39
三、水肥一体化 ······ 41

第六章 生长特性及生产管理技术 ······ 42
一、大樱桃的形态特征 ······ 42
二、年生长周期及其特点 ······ 45
三、整形修剪技术 ······ 47
四、修剪伤口的处理 ······ 58
五、高接换头技术 ······ 59
六、花果管理技术 ······ 60

第七章 病虫害防治及投入品管控 ······ 67
一、防治方式 ······ 67
二、常见病害及其防治 ······ 68
三、常见虫害及防治 ······ 74
四、缺素症防治 ······ 81
五、黄叶现象及霜冻应对措施 ······ 83
六、投入品使用注意事项 ······ 87

第八章 采后质量控制 ······ 89
一、大樱桃品种与耐贮运性 ······ 89
二、采收 ······ 89
三、采后预冷技术 ······ 92
四、大樱桃贮运保鲜与分级包装 ······ 93

第九章 大樱桃设施栽培 ······ 95
一、大樱桃避雨设施 ······ 95
二、大樱桃设施栽培 ······ 97

附录 ······ 104
附录A 大樱桃周年管理年历 ······ 104
附录B 我国樱桃中农药和污染物最大残留限量 ······ 106

附录 C　樱桃上登记使用的农药清单 …………………………………… 109
附录 D1　全程控(CAQS-GAP)质量管理体系质量手册 …………… 110
附录 D2　全程控(CAQS-GAP)质量管理体系程序性文件 ………… 123
附录 D3　全程控(CAQS-GAP)质量管理体系作业指导文件 ……… 161
附录 D4　全程控(CAQS-GAP)质量管理体系记录表格 …………… 178

参考文献 …………………………………………………………………… 248

第一章
大樱桃的经济价值和发展前景

大樱桃(Prunus avium L.),属于蔷薇科李属(Prunus L.)樱亚属(Subgen. cerasus)落叶乔木果树,原产西亚及欧洲东南部,又名欧洲甜樱桃、西洋樱桃等。大樱桃是继中国樱桃之后果实成熟最早的果树树种,有"春果第一枝"的美誉,是我国重要的果树树种之一,对弥补早春果品市场的空缺,具有特殊的意义。

一、大樱桃的经济价值

大樱桃色艳味美、营养丰富、成熟期早,富含丰富的蛋白质、游离氨基酸、钙、铁、磷、糖、胡萝卜素及多种维生素,经济效益和营养价值高。其可食部分为90%以上,100g大樱桃含热量217.7J,蛋白质1.1g,脂质0.5g,糖11.9g,胡萝卜素为苹果的2.7倍。大樱桃含有机酸1.0%,主要是苹果酸,还有柠檬酸、酒石酸、琥珀酸等。游离氨基酸中的天门冬酰胺含量特别高,每100g果汁中含47.0g,在一般水果中为最高。

大樱桃树姿秀丽,花早色艳,可绿化庭院,美化环境。果实色佳味美,除鲜食外,是制作罐头、果脯、蜜酒的上等原料,对调节市场淡季、满足人民生活需求有重要作用。

大樱桃具有调中补气、祛风湿的功能。性味甘温,有调中益脾之功,对调气、活血、平肝去热有较好疗效。樱桃自古以来就称为"美容圣果"或称"美容水果之王",经常食用能使皮肤光滑润泽。对患有缺铁性贫血的女性,具有良好的补铁效果。

大樱桃具有很高的商品价值,加之大樱桃成熟早,市场竞争优势明显,多年来销路广阔,售价较高,有"贵族水果"之称。但大樱桃贮藏性较差,在成熟后常温下贮存2~3d即软烂,管理不当时会造成很大的损失,不能满足市场之需。

二、大樱桃的发展前景

由于大樱桃冬季休眠需 900~1400 h 的 7.2 ℃ 以下低温,限制了在中国南方的大面积栽培,大樱桃以江北栽培为主,在中国南方省区仍以中国樱桃为主栽品种。经过 100 多年的不断繁衍扩展,目前全国种植总面积超过 15 万 hm^2,大樱桃年产量达 60 万 t 左右,形成了环渤海湾产区、黄河故道、黄土高原低海拔产区、西南高地产区、新疆沙漠边缘产区几大板块,种植范围在逐渐地扩大,随着农业产业的发展,大樱桃种植成为典型的高效产业之一。

通过多年来生产实践证明,大樱桃适应性强,丰产,适合大面积栽培。栽植大樱桃不仅经济效益高,而且有较好的生态效益和社会效益。大樱桃园进入盛果期产量为 1000~1500kg/$667m^2$,产值为 2 万~3 万元/$667m^2$,特别是发展反季节的塑料日光大棚樱桃园栽植,经济效益更高,每 1kg 售价达 100 多元,经济收益十分可观。

从大樱桃市场发展现状来看,樱桃生产还有很大的提升空间,一方面,改善品质能有利于单产水平的显著提升;另一方面,主产区的种植规划进一步合理和有效资源的进一步整合有利于樱桃生产加快实现规模效益的步伐。

大樱桃由于具有上市早、单位面积产值高、市场需求量大的优势,各适栽地区均把大樱桃列为果树生产的重要树种。未来国内消费仍会保持继续增长的趋势。在未来社会经济持续发展及高质量发展的背景下,国内樱桃消费总量将持续增长,尤其是高端礼品的市场仍有很大的发展潜力。总体上看,市场仍将保持供不应求的趋势。但樱桃品种众多,不耐贮存运输,保鲜时间短;缺乏统一规划,种植散而小;设施化程度低,抗灾能力差。用肥、用药随意性大,导致樱桃品质、安全性降低,从而影响产业可持续发展。

大樱桃全程质量管控生产技术,可有效提高农产品生产基地标准化、规范化生产水平,保障樱桃质量安全和营养品质,从源头控制其质量安全,整体提升大樱桃的营养品质和质量安全,对大樱桃产业可持续健康发展十分必要。

第二章
大樱桃全程质量控制

农产品全程质量控制（whole process control，WPC）是对农产品从生产到销售的全过程进行质量控制。农产品全程质量控制包括农产品生产过程中的组织管理、制度文件管理、生产技术要求、产品质量管理和内部自查等，开展大樱桃全程质量管控，可有效提高生产基地标准化、生产水平规范化，保障大樱桃质量安全和营养品质。

一、组织管理

农产品生产者应严格贯彻全程质量控制技术体系（CAQS-GAP）管理理念，执行全程质量控制技术体系要求，确保全程质量控制技术体系有效运行。

1. 组织机构

大樱桃种植生产者应为在管理部门登记的生产主体（如农业企业、种植合作社、家庭农场、种植大户牵头的生产基地等），受当地农业生产管理部门指导和监管。

2. 人员管理

组织机构应根据生产需要配备必要的管理、技术和生产、质量管理、检验等人员，建立并保存所有人员档案，包括健康档案、相关能力、教育和专业资格、培训等记录。

（1）做好培训防护。组织机构应对全体人员进行培训，包括生产操作技能、卫生要求、质量安全基本知识、应急处理等，并保存培训记录。对从事樱桃生产关键环节岗位的人员（如质检员、配药员、仓库管理员等）进行专门培训，考核合格后方可上岗。生产主体应根据生产区域布局至少配备1名具有应急处理能力的人员。及时对员工进行基本的公共卫生安全和生产技术知识培训。为从事农药等投入品使用特定工作人员提供必备的防护条件(靴、手套、口罩等)。

(2)健康福利。组织机构应安排专人对生产人员的健康、安全和福利进行监督和管理,对接触农药等有害物品的人员应进行年度身体检查,每年度按实际情况召开关于生产人员健康、安全和福利的会议。

3.应急管理

组织机构应分析可能出现的紧急情况风险点,制订应对紧急事故处理程序、使用防护服和防护设备的管理程序,编制简明易懂的知识手册,并定期开展学习和演练。

二、制度文件管理

生产者应根据实际生产建立农产品质量安全全程控制管理制度,主要包括质量手册、程序类文件、作业指导书和记录表格(见附录D)。

农业生产主体结合实际,建立包含农业生产经营者质量方针和目标、简介、组织结构、部门设置、职责分工等内容的质量手册,作为生产企业管理的宗旨依据。结合实际工作过程,建立包括文件记录管理程序、员工管理程序、环境保护管理程序、农业投入品管理程序、废弃物和污染物管理程序、产品收获管理程序、产品处理加工管理程序、产品贮存运输管理程序、卫生管理程序、产品质量管理程序、产品销售管理程序、产品追溯管理程序、产品投诉处理程序、产品召回程序、内部检查程序等程序类文件,便于规范各个工作环节。根据生产实际编制适用的作业指导书,应包含农业投入品选购、贮存、使用、废弃物处理等,机械设施设备操作,产品收获操作,产品处理加工操作,产品包装操作,产品贮存操作,产品质量控制等,细化操作过程,规范操作程序。同时,根据程序类文件和作业指导书编制相应的生产管理记录表格,完善记录,便于溯源。

三、生产技术要求

1.基地管理

基地应符合国家相关技术标准要求,与周边种植的不同作物,宜设置有隔离带,防止交叉污染。对新的基地应由有资质的检测单位进行生产环境风险评估,必要时进行环境监测(包括土质、水质、大气)。生产基地土壤、灌溉水、空气质量应分别符合《土壤环境质量 农用地土壤污染风险管控标准(试行)》(GB 15618)、《农田灌溉水质标准》(GB 5084)、《环境空气质量标准》(GB 3095)等相关要求。当存在污染风险时,应进行标识并制订有效的纠正措施计划以降低污染风险水平,建立田间管理档案记录。

2. 投入品管理

按照国家有关规定依法正确选购、贮存、使用投入品。符合下列技术要求:

(1)通过正规渠道购买符合相关法律法规、获得国家登记许可、证件有效齐全、质量合格和满足土壤作物营养需要的农业投入品,严禁使用国家规定的禁用植保产品,索取并保存购买凭据等证明资料。

(2)进行自繁种源时,应符合国家相关规定。自制或收集的其他投入品,应符合相关法律法规和技术标准要求。(有机肥不能使用人类生活的污水淤泥和城市垃圾,含有有害物质的工业垃圾,未经发酵腐熟的人畜粪尿。)

(3)建立和保存投入品的库存目录。配备符合要求的投入品贮存仓库或安全存放的相应设施,按产品标签规定的贮存条件在贮存仓库分类存放(肥料和植保产品分开存储、有机肥料应贮存在指定区域),根据要求采用隔离(如墙、隔板)等方式防止交叉污染,有醒目标记,专人管理。贮存仓库温湿度适宜,通风清洁,避免日光暴晒、雨淋,并配有防火防爆、防虫防鼠和防鸟等设施。

(4)植保产品应遵守安全间隔期的要求。应由具备一定专业知识和技术能力的农技人员指导员工规范生产,遵守投入品使用要求,选择合适的施用器械,适时、适量、科学合理使用投入品,做好投入品使用记录。施肥植保机械、器具和小型防治设施应进行定期维护,并保存维护记录。对剩余、清洗、变质和过期的投入品做好标记,按国家或地方法律进行处理。

(5)建立农业投入品采购、使用、贮存等档案记录。

3. 废弃物和污染物管理

制订减少废弃物、污染物或废物再利用的生态保护计划并实施,主动保护生产区域周边的生态环境,采取措施保护野生动植物,保持生物多样性。有废弃物和污染物存放区,对生产过程中可能产生的废弃物和污染源准确识别、分类管理、安全存放、及时处置,建立废弃物处置的管理档案记录。

(1)设有农药空包装、农药废液、垃圾等废物收集设施和存放区,尤其对剩余、变质、过期的农药残留、重金属要做好标记,回收隔离禁用,并在有关部门指导下安全处置,保存相关处理记录。

(2)对生产过程中可能产生的废弃物进行分类管理、安全存放、及时处置,也可将农事生产活动产生的废弃物无害化处理后作为有机肥等进行再利用。

(3)地膜和棚膜应及时回收处理,地膜残留量应满足《农田地膜残留量限值及测定》(GB/T 25413)中的限值要求。

4. 产后处理和加工管理

按照相关法律法规要求,科学制订采收标准,产后处理和加工需要获得许可的应具备相关资质;产后处理和加工区域设有有害生物(老鼠、昆虫、鸟等)防范措施,保持卫生清洁;定期对员工进行采收和产品处理加工技能培训,具备采收工器具使用、产品处理加工操作和按标准采收等技能,加强卫生知识培训和健康检查;及时清洁和保养设施设备;产后处理和加工用水符合饮用水要求;产后处理和加工使用的保洁产品符合相关规定要求;避免造成机械损伤,避免产品受到物理、化学和微生物等污染。建立产后和处理加工档案记录。

5. 产品包装管理

产品包装材料具有安全性、稳定性、环保性,产品包装符合《限制商品过度包装要求 生鲜食用农产品》(GB 43284)等国家强制性技术规范要求,包装材料安全性符合《食品包装选择及设计》(GB/T 39947)和《农产品物流包装材料通用技术要求》(GB/T 34344),及时对包装设施设备进行清洁和保养,严防产品加工包装过程中机械损伤和二次污染。产品标识应符合国家相关法律法规、规章制度等规定,提供充分的产品信息,张贴农产品承诺达标合格证等。严格执行公共卫生规范,建立产品包装档案记录。

6. 产品贮藏运输管理

按照国家相关标准和技术要求,建立和执行最适宜的樱桃保鲜、贮藏、运输和仓储规范。贮藏场所清洁、卫生,设有有害生物(老鼠、昆虫、鸟等)防范措施,适宜产品贮存,必要时对温度、湿度、气体成分进行监控;贮藏设施应定期进行清洁和维护,并保存清洁和维护记录;产品堆码应合理、规范,不同产品分开存放,不与其他物品混储;保鲜剂、防腐剂、添加剂等物质应当符合国家强制性技术规范要求;运输车辆和盛装容器应清洁卫生、安全耐用;不与其他物品混装、混运；长途运输时，根据产品贮藏特性，可采取控温、控湿、透气、防雨、防晒等措施；运输和装卸过程中应避免机械损伤和二次污染；建立产品贮藏运输档案记录。

7. 产品销售管理

产品销售建立销售台账，保存产品名称、销售数量、购买方、去向、销售时间等信息；建立问题产品召回程序，并可快速、有效召回产品。产品销售过程中有明确的意见反馈和投诉程序，对投诉有明确的处理措施，并建立档案记录。

四、产品质量管理

生产者应当对生产的农产品质量安全状况进行评价，经确认合格后方可销售。

1. 抽样检测

产品上市销售前，通过建立产品自检管理制度，在每一批次产品上市销售前进行自检，或者委托具有资质的检验检测机构进行产品检测，经确认合格或检测合格后方能上市销售，并附农产品承诺达标合格证。污染物和农药最大残留限量指标应分别符合《食品安全国家标准 食品中污染物限量》（GB 2762）和《食品安全国家标准 食品中农药最大残留限量》（GB 2763）的规定要求。

2. 档案记录管理

生产者有完善的档案记录，如实记录农事生产管理、农业投入品的采购及使用、产后处理加工和包装贮藏、运输物流、产品销售等相关信息，并可实现生产销售全过程可追溯。

（1）农事管理记录。对每个生产环节或生产地块都有农事活动的记录。农事活动可根据时间顺序进行记录，主要包括种植品种、土壤管理、水肥管理、病虫草害发生与防治、投入品使用时期和用量、采收日期和产量、产品贮存和其他操作。记录内容包括处理时间、方式等。

（2）农业投入品采购与使用记录。包括肥料、农膜、农药等投入品名称、有效成分及含量、生产单位、销售单位、购买日期和数量、产品批号、领用、配制使用、回收及报废处理记录。

（3）贮存情况记录。包括产品种类、采收日期、分级情况、贮存地点、贮存日期、批号、进库量、出库量、出库日期及运往目的地等信息。

(4)销售记录。包括出售日期、产品名称和批号、销售量、销售对象等信息。

(5)其他记录。包括产地环境、生产投入品和产品质量检验记录；使用农药和化肥等的技术指导和监督记录；生产设施设备定期的维护、校验和检查记录；对生产过程中产生的废物和潜在的污染源应进行分类和记录。

(6)记录保存。应建立并保存各环节的生产记录和档案。记录和档案应保存3年以上，保证产品可追溯。

3. 建立可追溯体系

应建立产品追溯管理程序，进入国家农产品质量安全追溯平台并接受管理，实现产品可追溯。同时，建立产品召回程序，明确如何管理/启动程序从市场上召回或撤回产品。所有生产管理记录档案至少保存3年。

4. 质量投诉和应急处理预案

应制定售出樱桃的投诉处理程序和质量安全问题的应急处置预案。对于樱桃产品的有效投诉和质量安全问题，应采取相应的纠正和处置措施，并做好记录。发现樱桃产品有安全问题时，应及时通知相关方面（官方/客户/消费者）并召回产品。

五、内部自查

全程质量控制要建立自查制度，建立内部检查程序。每年至少进行1次内部自查，做好记录并保存；根据内部自查结果，对于不符合管理要求的予以及时纠正，制订有效的整改措施，根据实际情况进行整改并编写相关报告；对产品的有效投诉和质量安全问题，应进行自查和采取相应的纠正措施，并做好记录。

第三章
优良品种选择及砧木繁育

一、品种选择原则

为提高生产效益,应优先选择与栽培目的和当地自然条件相适宜的品种,其次是选择果个大、果柄短而粗、品质好,以及抗裂果、色泽艳丽、耐贮运、抗性强的品种。

二、大樱桃优良品种

目前我国大樱桃品种有200余个,但在生产中广泛栽培且效益好的仅有30余个。

(一)早熟品种

1. 红灯

大连市农业科学研究所1963年由那翁、黄玉杂交育成,品种平均单果重9.6g,最大果重13g,果实肾脏形、果梗粗短,果皮红至紫红色,富有光泽,色泽艳丽、美观;充分成熟后为紫红色。肉质较软,风味酸甜,可食部分达92%,果实发育期为45d左右,关中地区5月10日前后成熟。

主要特征是树势强健、萌芽率高、成枝力强。幼树期树势直立,当年不易形成花芽;初果期以中长枝果枝较多;盛果期树冠半开张,以短果枝和花束状果枝结果为主。幼树开始结果偏晚,一般4年生开始结果。花期8～10d,每花序6～12朵,花粉中多,自花结实率低,需配授粉树。适宜授粉树有大紫、巨红、滨库、拉宾斯、莫莉等。

2. 早大果

引自乌克兰。平均单果重9～13g,最大果重16g,果实阔心脏形,缝合线紫黑色,果顶下有一明显隆起,果柄中长,中粗。果皮鲜红色至紫红色,完熟后紫黑色,果皮较厚,果肉较软,半离核,汁多味美,酸甜可口,可溶性固形物含量为17.9%。该品种自花不实,授粉品种为早红宝石、抉择、先锋等。果实发育期为42d左右,成熟期比红灯早3～4d。

3. 福晨

由山东烟台市农科院以萨米脱×红灯杂交育成的早熟品种。果实鲜红色,心脏形,缝合线一面较平,与母本萨米脱相似,但果顶较平,果肉淡红色,硬脆,平均单果重9.7～11g,最大果重17g,可溶性固形物含量为15.5%,品质佳、耐贮运。果实发育期为30d左右,比红灯早熟7～10d。该品种早产、丰产,具有良好的发展前景,但管理不当易出现早衰现象。福晨可用美早、早生凡、红灯、桑提娜作授粉树。

4. 齐早

大果形特早熟品种,甜度非常高,味甜,平均甜度在21°Bx,自花授粉结实率高。果个大,整齐度高,平均单果重12.5g,最大果重15.9g;果实心形,果顶尖,稍凹陷;果柄中长,果实红色至暗红色,有光泽。果核小,可食率为96.1%。果实发育期为35d左右,山东泰安地区5月上旬成熟,比早大果早6～7d,果子成熟一致,不裂果,无畸形果。

5. 意大利早红

又名莫利,原产法国。由中国科学院从意大利引进。该品种树势强健,平均单果重7g,果实肾脏形,果梗中短,果皮鲜红色,成熟时淡紫红色,有光泽,果肉较硬,粉红色,肥厚多汁,品质佳。可溶性固形物含量为17%,成熟期比红灯早5～7d,早熟,生产中常作为授粉品种栽培。

6. 鲁樱3号

山东果科所推出的特大果形新品种,美早和萨米脱的杂交后代,是目前国内非常有潜力的新品种,也是一个中熟品种,在山东泰安地区成熟期在5月下旬。果实宽心脏形,果顶较平,顶尖稍内陷,偏向于美早的果形,脐点较大,果实横径、纵径较大,侧径较小。果个大,平均单果重13~14g,最大果重16g;果皮深红色,完全成熟呈紫红色,有光泽;果肉肥厚多汁,甜度极高,肉质硬,风味上等,可溶性固形物含量为18.3%,果实可食率94.6%,果柄中长,无畸形果,丰产性极强。

7.秦樱1号

由西北农林科技大学选育,波兰特品种芽变。果实心形,平均单果重8.4g,果面紫红色,有光泽,半硬肉,较抗裂果,果实酸甜适中,可溶性固形物含量为16.1%,在关中5月上旬成熟。授粉树有先锋、红灯、龙冠等。

8.早生凡

烟台市农科院选育,树姿半开张,属短枝紧凑型。成花易,果实肾形,果皮鲜红色至深红色,果肉、果汁粉红色,果肉硬,单果重8.6~9.3g,可溶性固形物含量16.14%,成熟期比红灯早4~5d,可选8-129、红灯、布莱特作授粉树。

9.岱红

山东农业大学2002年从大紫中选出,是极少见的早产、早丰、大果形早熟品种,也是目前保护地栽培的首选品种之一。平均单果重11g,最大果重14.2g,果实圆心脏形,短果柄,果皮鲜红至紫红色,富有光泽,色泽艳丽,果肉粉红色,近核处紫红色;果肉半硬,可溶性固形物含量为14.8%,味甜可口、核小、离核。果实发育期为40d左右,成熟期比红灯早3~5d,口感好于红灯,比红灯结果早,适宜的授粉树是抉择。

10.明珠

果实脆甜多汁,果肉晶莹剔透,比较耐贮运。果实宽心脏形,平均单果重12.3g,最大果重14.5g,底色浅黄,阳面呈鲜红色,外观色泽艳丽。明珠樱桃的特点是肉质较脆,风味酸甜可口,品质极佳,是很受欢迎的一个樱桃品种。成熟期稍早于红灯,建园时需配置授粉树。授粉树配置比例应在(2~4):1。授粉品种有先锋、拉宾斯、佳红、雷尼、红灯等。

(二)中熟品种

1.美早

美早是大连市农业科学研究所1988年从美国引入的一个优良品种,果实宽心脏形,大小整齐,平均单果重12g;果实鲜红色,充分成熟时为紫黑色,明亮光泽;肉质硬脆,果柄粗短,耐贮运;酸甜适口,汁液浅红色,风味佳,可溶性固形物含量18%左右;抗寒、抗病,成熟期比红灯晚5d左右。露地栽培时,因水分管理不善或受气候影响,容易产生裂果。授粉树为先锋、拉宾斯、萨米脱、红灯等。

2. 布鲁克斯

原产美国加州,雷尼和早布莱特杂交育成,平均单果重10g,最大果重达20g,果皮厚,浓红色,底色淡黄,有油亮光泽;完全成熟时果面暗红色,偶尔有条纹和斑点;果肉紫红,肉厚核小,果肉紧实、硬脆,味甜,果柄短粗,耐贮运;可溶性固形物含量为19%,口感极佳;果实发育期为50d左右,成熟期比红灯晚3~5d,露地栽培时,因水分管理不善或受气候影响,极易产生裂果。树姿直立,丰产。授粉树为红灯、雷尼、美早、拉宾斯。

3. 先锋

原产加拿大,曾译名凡。在欧、美、亚洲各国均有栽培。树势强健,枝条粗壮。平均单果重8.5g,果实肾脏形,果皮紫红色,光泽艳丽,厚而韧。果肉玫瑰红色,肉质脆硬,肥厚,汁多,酸甜可口,可溶性固形物含量为17%~20%。风味好,品质佳,丰产性好,抗寒性强。果实发育期为55d左右,适宜授粉品种为滨库、那翁、雷尼。花粉量较大,是一个极好的授粉品种。

4. 萨米脱

又名皇帝,原产加拿大。树势强旺,树姿半开张,早实性好。果实心脏形,果皮红色至深红色,平均单果重11~12g,肉质较硬,肥厚多汁,可溶性固形物含量为18.5%。果实发育期为55d左右,选择拉宾斯、先锋作授粉树,也可与美早混栽。

5. 艳阳

原产加拿大,用先锋和斯坦拉杂交育成,烟台市农业科学研究院从加拿大引进。属中熟高产品种,是拉宾斯姊妹系。幼树生长旺盛,盛果期后树势逐渐衰弱。果实近圆形,果形端正,果皮红色至深红色,具光泽,果肉味甜多汁,酸度低,质地较软,品质优,耐贮运,平均单果重13g左右。自花结实,丰产稳产,抗病性和抗寒性均强,遇雨有裂果现象。选用萨米脱、黑珍珠等品种为授粉树。

6. 福星

由山东省烟台市农科院2003年杂交,亲本为萨米脱×斯帕克里杂交育成。2013年通过山东省农作物品种审定委员会审定。果皮浓红色,果肉红色,硬脆,果实肾形,果顶凹,平均单果重11.8g,最大果重14.3g,果实纵径2.44cm,横径3.12cm,果柄粗短,柄长2.48cm。可食率为94.7%,可溶性固形物含量为16.9%,甜酸,鲜食品质佳,抗性强,耐贮运,早食丰产性好,果实发育期为50d左右,比红灯晚熟7d,该品种与美早相类似,但早果性和丰产性要强于美早。适宜选择美早、早生凡、萨米脱、红灯、桑提娜作其授粉品种。

7. 奇好

原产乌克兰,平均单果重12g,最大果重15g以上,果实圆形至心脏形,果皮深红色,果肉红色,肉质较硬耐运输。细腻多汁,酸甜可口,鲜食品质佳,果实成熟后可在树上挂果20d以上,品质不变。

8. 巨红

又名13-18,大连农科所以那翁×黄玉杂交育成。树势强健,幼树期直立生长,盛果期后逐渐开张。平均单果重10.25g,果实宽心脏形,果皮浅黄色,向阳面着鲜红晕,果肉浅黄白色,质硬脆,肥厚多汁,风味酸甜,可溶性固形物含量为19.1%。该品种早果、丰产、抗病、耐贮运。适宜的授粉品种为红灯、佳红、拉宾斯。

(三)晚熟品种

1. 俄罗斯8号

果实宽心脏形,果个大,平均单果重12.9g,成熟时果实颜色从鲜红色渐至黑紫色,油润黑亮;果皮厚韧,果肉肥厚硬脆,汁液特丰,风味极佳。可溶性固形物含量为18.9%,成熟期稍早于美早。具有抗寒、早成花、早结果、早丰产的特性。

2. 拉宾斯

加拿大以先锋×斯坦勒杂交育成,目前在世界范围内栽培量多。果实近圆形或卵圆形。平均单果重10.6g,最大果重12g。成熟时果皮紫红色,有光泽,果皮厚,果肉深红色,肥厚,可溶性固形物含量为17.8%。该品种树势强健,树姿直立,较耐寒。自花结实,花粉量大,可与同花期的任何品种授粉。早产、丰产、稳产、抗裂果,应注意疏花疏果控制产量。

3. 雷尼

原产美国华盛顿州,以滨库×先锋杂交育成的黄色品种,该品种树势强健、枝条粗壮、节间短,树冠紧凑。平均单果重8g,最大果重12g,果实宽心脏形,果皮底色为黄色,富鲜红色红晕,光照良好时全面红色,鲜艳美观;果肉无色,质地较硬,可溶性固形物含量为15%～17%,风味好,离核,耐贮运。采收前遇雨易裂果。该品种花粉量大,也是很好的授粉品种。自花不育,适宜授粉品种为滨库、先锋。

4. 友谊

从乌克兰引进。平均单果重10.8g;果实心脏形,果顶平圆,果皮鲜红色,有光泽;果肉硬,风味浓,可溶性固形物含量为17.26%,可鲜食或加工。适应性强、耐旱、耐寒;果实发育期为60d左右。授粉树为宇宙、雷尼、早大果、胜利。

5. 斯得拉

引自加拿大,树势强健,平均单果重7.1g,最大果重9g,果实心脏形,果皮紫红色,光泽艳丽。果肉淡红色,多汁,甜酸爽口,可溶性固形物含量为16.8%。风味佳,果皮厚而韧,耐贮运。能自花结实,花粉多,也是良好的授粉品种,抗裂果,早果性、丰产性突出。

6. 甜心

引自加拿大。树势旺盛,树体开张,平均单果重8～10g,果实圆形,果皮、果肉红色,肉质硬,中甜,风味浓,具清香,较抗裂果,自花结实、早实,很丰产。授粉品种为早大果、拉宾斯。

7. 黑珍珠

山东省烟台市农业科学院果树研究所选育,果个大、果肉硬、易达出口果标准的甜樱桃新品种。黑珍珠樱桃的特点是果实肾形,果个大,平均单果重11.0g,最大果重16.0g;果实紫黑色,有光泽,黑里透亮;果肉、果汁深红色,肉质脆硬,风味甜,可溶性固形物含量为17.5%,耐贮运。在山东省栖霞市,黑珍珠4月盛花,6月上旬果实开始变红,6月中下旬果实成熟,紫黑色。适宜在栽培中晚熟甜樱桃品种的地区栽植。

三、砧木选择

砧木对大樱桃早果性、产量、果实大小、品质、适宜性和抗逆性及寿命都有很大的影响。果农种植大樱桃往往只重视品种的选择,而忽视了砧木品种的选择,栽培中应按照所处的自然地理环境,根据园地所处自然条件、土壤类型、栽培方式等对砧木类型和特性进行综合考虑。

理想的樱桃砧木应该具有以下特点:对环境的适应性强(抗寒、抗旱且适应于多种土壤类型);与樱桃品种接穗亲和性强,嫁接后易成活,不出现"小脚"现象;砧木苗来源充足,繁殖容易;砧木的根系要发达,且抗根癌病等。目前主要应用下列几种砧木:

1. 中国樱桃

陕西省目前主要在汉中地区的西乡县和略阳县采集种子育苗嫁接,嫁接树亲和力高,生长旺,树体高大,进入结果期较晚。与大樱桃亲和性好,易感根癌病、流胶病。

2. 大叶草樱桃(大青叶)

叶片大而厚,根系分布较深,粗根多,根量较少;种子出苗率高,萌蘖或枝条扦插易成活;嫁接大樱桃品种亲和力强,长势强,抗逆性强,寿命长。适宜在沙壤土或砾土生长。但抗寒性差,抗风性差,结果晚,进入结果期后时有死树等现象。

3. 马哈利

原产于欧洲东部和南部,是欧美各国广泛采用的樱桃砧木,属乔化砧木,嫁接亲和力强,抗逆性较强,抗根癌、抗旱、抗寒,但不耐涝。适宜沙壤土及轻壤土栽培。结果期稍晚,盛果期后树势易衰弱,有"小脚"现象,根系易遭蛴螬危害,注意防治。

4. ZY-1

郑州果树研究所1988年从意大利引进,属半矮化砧木,嫁接亲和力强,树势中庸,易成花,结果早,进入盛果期后树势明显衰弱。根系发达,易产生根蘖,抗寒、抗旱性强。

5. 吉塞拉矮砧系列

吉塞拉矮砧系列是德国育成的三倍体杂种大樱桃矮化砧,嫁接亲和性良好,是目前普遍采用的砧木系列。吉塞拉5号、6号表现出较好的矮化效果,但嫁接部位"小脚"现象明显,固地性稍差,应设立支柱支撑。对土地适应性广,适于黏性土壤,抗根癌病、流胶病,耐寒、早果性好,前期注意控制产量,加强水肥管理。吉塞拉5号适于设施栽培,6号适于露地栽植。吉塞拉12号矮化效果稍差,但亲和力较强,大多品种嫁接后分枝多,角度大,根茎比1∶1,无"小脚"现象,主根发达,固地性好,寿命长,连年高产后树势强健。吉塞拉主要采用扦插和组培方法繁殖。

6. 考特砧木

考特砧木是欧洲大樱桃和酸樱桃杂交育成的半矮化砧木,一般组培繁殖。与樱桃亲和力强,且花芽分化早、丰产;幼树长势强,随着树龄增加长势变缓,树形较紧凑;适用于沙土地,抗病及抗寒性较强,但不耐旱,根瘤病严重,栽培中建议选用脱毒苗木。

7. 兰丁2号

"兰丁"系列砧木是北京市农林科学院林业果树研究所樱桃课题组应用远缘杂交技术育成。"兰丁2号"根系发达,抗根癌能力强,抗重茬,固地性好,耐瘠薄,较耐盐碱,耐褐斑病。嫁接树整齐度高,形成树冠快,3年见果,4年丰产,果实品质优良。

四、品种配置

(一)确定主栽品种

应确定综合性状突出的、成熟期衔接较好的品种,一般面积较小的园子只需1~2个主栽品种,面积较大的可选2~4个主栽品种,离城市较近的可适当多选,靠外运销售的偏僻地区要考虑每一批的采收量宜适当少选;另外,城市近郊销售方便,可多选择早熟品种,偏僻地区宜选择较晚熟耐运品种;较温暖地区可选择早熟品种,较寒地区可选择晚熟品种,整体延长樱桃的供应期,也便于销售和提高效益。

(二)授粉树配置

大樱桃大多数品种自花不实或自花结果率较低,栽植时必须配置授粉树。

1. 选择原则

授粉品种花量大、花粉多且发芽率高,与主栽品种花期相遇、亲和力强。授粉品种本身也要丰产、稳产,性状优良,经济价值高。常用授粉品种有:雷尼、拉宾斯、斯坦勒、滨库、红蜜、美早、早大果、先锋等。搭配授粉树时一定要注意,相同基因型的品种不能相互授粉,例如红灯和美早都是 SS 型,相互之间就不能授粉。另外还要考虑各品种开花期的早晚,授粉品种与主栽品种的开花期应一致,或者比主栽品种早 1~2d,这样才不会错过最佳授粉期。

2. 配置种类及数量

授粉树栽植数量一般以 20%~30% 为宜。授粉品种数量一般以 3 个以上品种互相授粉较理想。具有自花结实能力的品种,如龙冠、艳阳、先锋、拉宾斯、甜心、桑提娜等,可以适当减少授粉树的种类和数量。

3. 配置方法

一般平地建园可间隔 2~4 行主栽品种栽植 1 行授粉品种;面积小的果园,可以采用隔行栽植;山地建园可采用阶段式配置授粉树,就是在行内每隔 3~4 株主栽品种,栽 1 株授粉品种;授粉品种较少的可中心式栽植,即中间栽 1 株授粉品种,周围栽 8~12 株主栽品种。

五、苗木繁育技术

优质的苗木是大樱桃生产的基础,苗木质量的好坏不仅直接影响到树体生长的快慢、结果的早晚和产量的高低,而且对树体的适应性和抗逆性也有很大影响。

(一)大青叶樱桃苗木繁育

大樱桃砧木的类型较多,主要有中国樱桃中的莱阳矮樱桃和大青叶、毛把酸等。实践证明,大青叶樱桃对土壤适应性强,最适宜在沙壤土或砾质壤土生长;对根癌病有良好的抗性;与大樱桃品种嫁接亲和力强,根系分布深,粗根多,嫁接的大樱桃长势健壮,固地性好,不易倒伏,易丰产。故生产中宜选用大青叶樱桃作为繁育大樱桃的砧木。

1. 圃地选择和整理

(1)适宜圃地。繁育大樱桃优新品种的苗圃地,最好选择背风向阳、土质肥沃、不重茬、不积涝、排水良好,又有水浇条件的中性壤土或沙壤土。

(2)圃地整理。育苗圃地,要在入冬前按 5000～6000g/m² 撒施基肥,施后深刨。翌春育苗前,再耕翻一遍,耙平整细,做畦。

2. 砧苗繁育方法

(1)分株育苗。大叶型草樱桃的根茎周围易产生大量根蘖苗,生产中常通过分株繁殖将其作为大樱桃的砧木利用。其方法是:在春、夏季将根系周围长出的根蘖苗,培 30cm 左右厚的土,使其生根,秋后或翌春发芽前把生根的萌蘖从植株上分离,集中定植或栽到苗圃地培养,以供嫁接大樱桃。

(2)压条育苗。生产中大樱桃砧木苗压条繁殖的方法,主要有直立压条和水平压条。

直立压条:秋季或早春将大樱桃砧木苗定植在繁育圃中。定植时,首先按 1～1.5m 的行距挖深 30cm 左右的沟,再按 50～60cm 的株距将砧木苗栽入沟内,其根颈要低于地面。砧苗萌芽前留 5～6 芽剪截,待芽萌发新梢长到 20cm 左右时,进行第 1 次培土,厚约 10cm,新梢长至 40cm 时再培土 10cm。每次培土后均应追肥、灌水。以后加强综合管理,并根据情况适当培土,秋季落叶后,即可扒土分株。

水平压条:也称埋干压条,是目前大樱桃砧苗繁殖应用较多的一种方法。早春先按行距 60～70cm,开深、宽各为 20cm 的沟,再将优良的 1 年生砧苗,顺沟斜栽于沟内,砧苗与地面的夹角为 300°左右,株距大致等于苗高,栽后踏实并浇足底水。苗木成活后,侧芽萌发,抽生新梢,当新梢长至 10cm 左右时,将砧苗水平压入沟底,用小枝杈固定,并培土 2cm 左右覆盖苗干,然后浇水。以后随新梢生长,分次覆土,直至与地面齐平。为促进苗木生长,于 6 月上中旬结合覆土施尿素 20kg/667m²。苗木长势好的,可于 6 月下旬至 7 月上旬在圃内嫁接,长势差的可在 9 月份嫁接。秋季起苗时分段截成独立的砧苗。

3. 苗木嫁接

苗木嫁接多采用"T"形芽接和板片芽接法。

(1)"T"形芽接:"T"形芽接的适宜时间,分为前期和后期。前期在 6 月上中旬的 15～20d 内;后期在 7 月中旬末至 8 月份,有时可延续至 9 月中旬,为期 50d 左右。嫁接过早(5月份),接穗幼嫩,皮层薄,接芽发育不充实。嫁接过晚

(9月中旬以后),枝条多已停止生长,接芽不易剥离。7月上中旬正值"伏雨"季节,接后易流胶,接口难愈合。掌握芽接时间,是提高成活率的关键之一。

不同时间嫁接,要有区别地选择接穗和接芽。前期(6月上中旬)芽接时,要选用健壮枝条中部的5～6个饱满芽作为接芽。后期(7～8月份)芽接时,健壮接穗上,除基部芽和秋梢芽外,均可用作接芽。9月份芽接,则要从树冠内膛的徒长枝上,选取饱满芽作接芽。

嫁接时,在接穗芽的上方0.5cm处横切一刀,再从芽的下方1.5cm处,由浅入深向上削入木质部至上切口处,轻轻往上撬起,然后用手捏住芽片一侧即取下2cm大小的盾形芽片。再在砧木的基部10cm左右处选择阴面光滑的部位,用芽接刀切一个"T"字形刀口,深达木质部。然后用刀尖自上而下地轻轻剥开左右2片皮层,随即将削好的接芽插入砧木的切口,使接芽上端与砧木横切口对齐贴紧,然后用塑料条绑严即可。

(2)板片芽接:这种方法全年均可使用。嫁接用砧木粗度应在0.7cm以上,接穗宜采集1年生枝,选用饱满芽作接芽。嫁接时,在砧木基部距地面10cm左右处,选择光滑的部位,沿垂直方向,轻轻削成长2.5cm左右、深2mm左右的长椭圆形削面。切削接芽时,在接芽以下1.5cm处下刀,将芽片轻轻从接穗上削下,削成长2.5cm、厚2mm左右的长椭圆形芽片。然后,将芽片紧紧贴在砧木的削面上,用塑料薄膜带包严绑紧即可。

4. 接后管理

(1)适时解绑。嫁接后半个月左右检查接芽是否成活,如果接芽新鲜,有所膨大,表明已成活。对未成活的应及时补接,成活的接芽一般25d左右即可解绑条,以免影响接芽萌发。

(2)剪砧除萌。嫁接成活后或春季萌芽前,在接芽上方1cm处剪砧。在砧芽萌发时,要及时抹除砧木上的萌芽,以促使接芽萌发生长。以后,还要连续除萌3～4次。当新梢生长到20cm以上时,应在苗木旁插一支柱,用麻绳或塑料薄膜带将新梢绑缚固定在支柱上,以防受风折断新梢。

(3)肥水管理。为了促进苗木生长,要加强肥水管理。根据干旱及苗木生长情况及时浇水、追肥。前期以氮肥为主,后期以磷钾肥为主。每次追肥后都应浇水,并经常中耕除草。整个生长季还可进行2～3次根外追肥。为提高苗木的越冬抗寒能力,防止抽干,后期要适当控水、控肥,以免苗木贪青徒长,组织不充实。

(4)病虫防治。苗木生长期间,要搞好病虫防治。萌发后,要严防小灰象甲,可人工捕捉,也可用80%的晶体敌百虫做成毒饵诱杀。6~7月份可选用50%的杀螟硫磷乳油1000倍液或2.5%的溴氰菊酯乳油2500倍液防治梨小食心虫危害。7~8月份喷1~2次65%的代森锌可湿性粉剂500倍液,或40%的多·锰锌600~800倍液,或硫酸锌石灰液(硫酸锌1份,消石灰4份,水240份,并充分混合),预防细菌性穿孔病,防止早期落叶。卷叶蛾、刺蛾等害虫,可喷25%的灭幼脲3号2000倍液防治。

(5)苗木出圃。一般在苗木落叶后土壤封冻前进行起苗出圃,起苗时要尽量保持根系完整。先剔除病苗和嫁接未成活苗,然后根据苗干高矮、粗细,以及根系发育状况等进行分级。用于当地建园的,可直接定植。留待翌春建园的,可选择背风而不积水的地方,挖深1m左右的假植沟,将苗木斜放其中,然后培土至苗高2/3处假植起来。

包装外运的苗木,可按等级每50~100株扎成1捆,根部用湿润草包包裹,以防根系失水。然后在每捆苗木上系好标签,注明品种、规格和数量,即可交付外运。

(二)吉塞拉砧木苗木繁育

吉塞拉系列砧木是德国以欧洲酸樱桃和灰毛叶樱桃杂交培育的三倍体砧木,其矮化型、早果性、嫁接亲和性、固地性、抗逆性较好,该系列中的吉塞拉5号、6号、12号表现尤为突出,目前繁殖方法有以下2种。

1.组培苗培育法

植物组织培养是在无菌条件下,将植物的茎尖(细胞),培养在特制的培养基上,通过细胞的扩繁分化,使它逐渐发育成完整的植物体,也是利用植物细胞的全能性进行无菌培养的一种繁育方式。

其优点如下:

(1)用完全不带有病毒的茎尖培育,获得健康的无病毒苗木。

(2)组织培养就是用每个健壮、健康、不带任何病毒的茎尖培养成一个植物体。苗木本身不带任何病毒,并且生长迅速,长势旺盛,从而产量比普通种苗提高20%~30%。

(3)抗病,因苗木本身不带有病毒,长势旺盛。

(4)可以迅速、大批量地繁殖,利用1个生长点,1年可繁育出上百万的种苗。

首先,选定一株健康的吉塞拉砧木苗,作为母株,再进行消毒,时间为冬末初春,这时芽未完全萌发,芽子有了活力,芽片不能暴露在空气当中,以免受外界杂菌污染。然后采取茎尖,用洗衣粉溶液洗净表面,在自来水中洗30min,然后在超净工作台上用70%的酒精表面灭菌1min,用0.1%的升汞浸泡10min,无菌水冲洗5次,在解剖镜下取掉所有芽的鳞片,再用0.1%的升汞灭菌4min,无菌水冲洗5次,再用解剖刀在解剖镜下一层一层把芽子剥离到大小为0.2~0.3mm的生长点,然后接种在丛生芽诱导培养基(MS+6-BA)1.0 mg/L中进行无菌培养,这期间要经过40d左右,生成第一批无菌试管苗,再经过不定芽繁殖(扩繁)生根,获得一批成功的生根试管苗。

然后,连同试管移入温室(驯化棚)经过1周的环境适应,从试管中取出生根苗,洗净根上面的培养基后栽入苗盘,开始驯化。第一阶段为15d左右,温度在25℃左右,叶面保持水分,并及时喷雾,要求多次少量。第二阶段驯化30d左右,温度20~30℃,喷雾次数相应减少,并喷施叶面肥。待长有3片新叶后移栽到装有营养土的基质苗盘中,等高度长到10cm以上时移入大田定植,到来年嫁接。组培方法成本高,投资大,要求技术高,只有专业的育苗中心才能完成。

2. 简易大棚扦插育苗法

(1)准备工作。

1)简易大棚搭建:采用直径为2cm的钢管,底部和顶部四周节点焊接起来,制成长800cm、宽600cm、高400cm的框架,使用竹片作为棚顶,用塑料薄膜封严,简易大棚制作完成,棚顶覆盖遮阳网。

2)大棚底部处理:大棚底部铺垫20~25cm厚的细河沙,做成宽120cm畦面,中间留有操作空间。大棚的四周开好排水沟,细沙用0.3%的高锰酸钾消毒。

3)插穗准备:在当年生枝条中剪取中上半木质化的枝条作为插穗,长15~20cm,顶端留2~3片生长正常、无病虫害的完整叶片。每50根为1捆。用生根剂进行插前处理,浸泡3h,浓度为100倍液。

(2)扦插时间。6月上旬至9月下旬均可进行,后期气温较高、病虫害影响较重,抽穗质量较差,简易大棚的调控效果也不理想,故而扦插越早越好。

(3)扦插方法。将做好的畦面喷雾湿透,选取阴天或早晨、傍晚进行,将经过生根剂处理的插穗按(5~8)cm×(5~8)cm 的株行距扦插,深度 2~3cm,插前用竹签打孔或用自制打孔器打孔,再把插穗放入孔内,压实空隙。插穗叶片舒展,互不交接。

(4)扦插后管理。扦插完成后,立即喷雾,第一次喷雾时间要长,使插穗与沙质充分接触。前期每分钟喷雾 2 次,每次 15s,使叶片始终保持湿润,至下午 6 时后停止喷雾。持续时间为 4d 左右。以后在上午 10 时至下午 3 时保持每 2min 喷雾 1 次,每次 10~15s,其他时间以叶片水分蒸干为准,可减少喷雾次数。7d 后,在傍晚停止喷雾时,苗床喷施多菌灵 800 倍液或其他杀菌剂,每隔 7d 喷施 1 次,防止病菌发生。同时喷施 0.1% 的磷酸二氢钾肥水液。扦插 15d 后,开始产生愈伤组织,1 个月后,开始生根。生根后,减少喷雾次数,只在中午喷少许,以降低温度和增加湿度为目的,防止水分过多,根系失去生理功能而腐烂,致使砧苗死亡。

(5)移栽与田间管理。插穗生根后到田间移栽前,需要经过炼苗,以适应外界环境条件,提高苗木成活率。炼苗 10d 后,当根系长到 2~3cm 时,在阴天或傍晚,将苗木移到营养钵中,放到阴凉处或遮阳网下,20d 后可移栽到大田。

田间定植一般畦宽 1m,株行距 15cm×25cm,每畦 4 行。开深 8cm 左右的定植沟,按照株距定植幼苗,将幼苗周围的土压严。定植完成后,浇透水并及时松土。缓苗后,喷施 2 次 0.1% 的磷酸二氢钾溶液,注意病虫害的发生与防治。

6 月份扦插的砧苗,当年就能达到嫁接粗度,其他时间的扦插苗较难达到嫁接粗度。每次扦插时,有条件的需使用新河沙。否则,须将河沙用 0.35% 的高锰酸钾消毒,消毒后 5d 即可再次进行扦插。扦插后 45d 即可进行移栽,可以根据实际情况需要,增加或减少扦插次数,以满足生产需要。

第四章

产地环境控制

良好的产地环境是大樱桃安全生产的前提。产地环境包括地理和生态条件形成的原生要素和人类生产建设等活动影响的次生要素。种植过程中的产地环境主要包括土壤、灌溉水以及空气质量等,这几类因素直接攸关大樱桃生产的质量安全。

一、环境条件的要求

环境包括温度、光照、水分、土壤透气性、养分,影响果树生长和吸收功能的还有土壤微生物、酸碱度(pH 值)、含盐量等因素。

(一)温度

大樱桃是喜温而不耐寒的果树,由于大樱桃的萌芽、开花、果实生长发育和新梢生长都集中在营养生长的前期,时间较短,因此需要有较高的温度以满足樱桃生长的要求。大樱桃适合在年平均温度7~14℃、生长季节4~10月、年平均温度14~21℃的地区栽培,要求园地所在地日平均气温大于10℃的时间在150~200d之间。但夏季高温干燥对樱桃的生长不利。

(1)年平均气温。以 9~14℃为适宜栽植区,但随着短低温需冷量新品种的研发,一些年均温度较高的地区也引种适栽成功。我国南方部分地区近年来也开始种植发展,具有很大的栽培潜力。东北地区的黑龙江、吉林及内蒙古、山西和陕西北部采用冬季保温设施,也取得成功。

(2)极端最低气温。大樱桃不耐寒,发生冻害的临界温度是-20℃,有时在

−18℃时,大枝已经发生严重冻害。气温下降到−25℃,造成大量树体死亡。以高于−20℃为适宜栽植区,冬季最低气温经常在−15℃以下的地区要注意防寒栽培。不同种类之间,以酸樱桃的耐寒力较强,在同样低温条件下冻害较轻。大樱桃耐寒力较差,冻害程度较重。在同样的低温条件下,气温下降快的冻害重,下降慢的冻害轻。大樱桃开花、结果早,早春的霜冻对樱桃的开花影响很大,花蕾期遇到−5.5～−1.7℃的低温,开花和幼果期遇到−2.8～−1.1℃的低温都会引起冻害,从而影响到当年的成花量和产量。因此,早春易出现霜冻的地区要采取措施,防止霜冻危害。

(3)需冷量。以0～7.2℃低温积累,需冷量达600～1400h为适宜栽植区,多数大樱桃品种的需冷量在800h以上,随着大樱桃育种工作的进步,现已选育出部分需冷量小于400h的品种,如罗亚理、罗亚明、布鲁克斯、福晨等。

(4)大于10℃年活动积温。由于大樱桃的萌芽、开花、果实生长发育和新梢生长都集中在营养生长的前期,时间较短,因此需要有较高的温度以满足樱桃生长的要求,活动积温以3900～5000℃为适宜栽植区。但夏季高温干燥对樱桃的生长不利。

(二)光照

大樱桃是喜光性树种,不同种类之间,大樱桃对光照条件的要求,比酸樱桃要强一些。以年日照时数高于2400h为适宜栽植区,全年的日照时数应在2600～2800h。光照充足,树体光合作用强,树势强健,果实成熟早,着色好,品质高。我国青海和贵州西部地区,年日照时数明显高于沿海内地,其樱桃花芽分化好,果实品质优。

(三)水分

大樱桃喜水又怕涝,一般适宜在平均年降水量为600～800mm的地区生长,我国主产区(如辽宁大连等地)年降雨量为600～700mm,西北引黄灌区和新疆灌区,年降水量不足400mm,但依靠灌溉和良好的生态条件也能获得优质、高产。

在其他水源不足的情况下,自然降水是影响产量和品质的主要因素。雨水较多的地区,根系容易受涝害,引起烂根和地上部分流胶,甚至导致树体死亡。在年降水量大于2000mm地区,樱桃年生长量大,不利于花芽分化。年降雨量大的地方,樱桃园应有相应的排涝设施。

二、产地环境控制

(一)产地环境标准

园区应选择地势平坦、光照充足、土层深厚、透气性好、保水力较强的地区。有可靠的灌溉水源和有效的灌溉设施,地势低洼的地区应具有良好的排水设施,园区应远离污染源(工矿区、工业污染源、生活垃圾场等)。

大樱桃产地环境土壤污染物限量应不高于《土壤环境质量农用地土壤污染风险管控标准》(GB 15618)中规定的3大类土地功能区的镉、汞、铜、铅、锌、镍、铬、砷8项金属元素的农用地土壤污染风险筛选值。空气质量应符合《环境空气质量标准》(GB 3095)中二级标准要求(表1),灌溉水质量应符合《农田灌溉水质标准》(GB 5084)要求(表2),绿色产品应符合《绿色食品 产地环境质量》(NY/T 391)要求。

表4-1 空气质量要求(标准状态)

项 目	指 标		检验方法
	日平均	1h	
总悬浮颗粒物	≤0.30mg/m³	—	GB/T 15432
二氧化硫	≤0.15mg/m³	≤0.50mg/m³	HJ 482
二氧化氮	≤0.2mg/m³	≤0.20mg/m³	HJ 479

注:①日平均指任何1d的平均指标。②1 h指任意1h的指标。

表4-2 农田灌溉水水质要求

项 目	指 标	检验方法
pH值	5.5~8.5	HJ 1147
总汞	≤0.001mg/L	HJ 694
总镉	≤0.01mg/L	HJ 700
总砷	≤0.05mg/L	HJ 694
总铅	≤0.2mg/L	GB/T 7475
六价铬	≤0.1mg/L	GB/T 7467
氟化物	≤2.0mg/L	GB/T 7484
化学需氧量(COD_{cr})	≤60mg/L	HJ 828
石油类	≤1.0mg/L	HJ 970
粪大肠菌群*	≤10000MPN/L	HJ 347.2

* 仅适用于灌溉蔬菜、瓜类和草本水果的地表水。

(二)产地环境选择

1.地形条件

要选择地势较高、平坦开阔、背风向阳的地方建园,山(塬)区应避免在山(塬)顶、风口、迎风面及冷空气易沉积的低洼地带建园,易发生晚霜危害的山(塬)区应尽量选山塬北坡、西北坡及春季气温回升慢的地方建园,以防止大风及冷空气造成的枝条抽干、花芽或果实受冻、授粉不良等现象。新开发的荒山、荒滩,要先改土后建园。建园应尽可能地建在离水源近、灌溉方便的地方。

2.前茬作物

前茬作物最好为粮食作物或蔬菜,如果为樱桃、桃、李、杏等核果类果树或其他果树林木,未经3年以上轮作休闲,不宜再栽植大樱桃。无法倒茬的地区,必须采取系列防治再生障碍的技术措施。

3.土壤条件

大樱桃根系分布浅,要求土层深厚、土质疏松、通气良好的沙壤土或壤土。大樱桃适合在中性土壤中生长,土壤pH值宜在6~8,土壤有机质含量要在2%以上。忌重茬栽培。在土壤pH值小于5.5或大于8.0以上地区,大樱桃的生长结果易受影响。酸性土壤和黏性重的土壤必须进行土壤改良。

表4-3 大樱桃区划关键因子指标

指标	适宜区	次适宜区	不适宜区
年平均气温/℃	9~14	7~9,14~15	≤7或≥15
极端最低气温/℃	≥-20	-23~-20	≤-23
年降水量/mm	≤1000	1000~1300	≥1300
年日照时数/h	≥2400	2000~2400	≤2000
0~7.2℃冷量	600~1400	400~800	≤400
土壤pH值	6~7.5	5.5~6,7.5~8	≤5.5或≥8
≥10℃年活动积温	3900~5000	3600~3900或5000~5500	≤3600或≥5500

三、园地规划

(一)地理位置

要选择地势平坦开阔、背风向阳的地方建园,避免在风口、山谷冷空气沉积地、低洼地建园。坡地建园坡度要小于15°。园区内的地形、土壤、气候条件要基本相同或相近,形状要求平地近长方形,行向南北有利于果树采光,长边与主要风向垂直,山地小区长边近似平行于等高线。

(二)园区防护林

1. 模式

造林模式一般根据果园的大小确定,如果果园在100亩(1亩≈$667m^2$,全书同)以上,一般在果园北侧建立防护林带,有条件的可以周围都建立防护林带,如果在500亩以上,果园周围及果树中间应穿插林带,并要求离果树的距离在5m以上,防止防护林和果树争水争肥,争夺光照。

2. 树种选择

选择适应性较强、生长稍慢的树种,防护树种与果园树种应无共同病虫害且不是果树病虫害的中间寄主。适合樱桃园区防护林的树种有荆条、花椒、黄刺玫、山皂荚等。

(三)园区道路

道路系统包括主路、干路和支路。主路位置适中,贯穿全园,宽度4～5m,可通过大型运输车辆。干路宽2～4 m,可通过小型运输车辆、汽车和农机具,干路多设为小区的边界线。支路宽1.5～2 m,为小区内作业道路。山地、丘陵或梯田果园,多用梯田边缘、田埂作为支路,而干路和主路则应顺坡修筑迂回上下,以利水土保持。道路要与水土保持、防护林等设施统筹规划,以求节约用地。

(四)工作场所

合理配置田间工作房、贮藏库、产品检测室及管理用房,管理用房兼顾农具、农资、包装场地等用途。分级包装车间是现代果园必需的设施,规模大小要根据果园的大小来定,位置一般位于果园的中心位置或者销售场所,配套设施应该有预冷设备。堆肥是解决果园有机肥源不足和提高土壤有机质含量的主要措施,堆肥场所一般位于园区的角落和边缘地方,位于果园的下风口,远离水源地。

(五)排灌系统

排灌系统是果园的重要基础设施,在建园中要和其他设施工程统筹规划。

排水系统要遵照灌水方便、排水通畅、节水、省地,有利于水土保持和减少施工量的原则规划安排。

1. 灌溉系统

目前我国大樱桃园的灌溉方式很多,传统的方法有沟灌、畦灌和喷灌。先进的灌溉方式是微喷灌。沟灌和畦灌要有水渠或水管,微喷灌要有主管道、支管道、树行控制阀、微喷软管等管路配套设施,安排好水源和动力(电)源。目前出于降低农业生产成本及减少果园肥料和用水量的考虑,多采用果园水肥一体化技术。

2. 排水系统

由行间排水沟、小区排水沟和果园四周排水沟3部分组成,山地丘陵果园还要在果园的上方挖截水沟,在排水沟末端修筑蓄水塘或水库。

四、苗木栽植

依据砧木品种和树形决定栽植密度,提前挖坑配好肥料,灌水沉实,等候栽植。

(一)确定株行距

根据栽培模式以及所选择的品种和砧木类型、土壤情况、肥水条件、管理水平等来合理确定栽植密度,原则上乔化砧木的适当稀植,矮化或半矮化砧木的适当密植;土壤肥沃、灌溉条件好、管理水平较高时可稀植,土壤瘠薄、浇水条件较差、管理水平较低的旱地要适当密植;长势旺健的品种要适当稀植,树势中庸的可适当密植。

现代大樱桃建园的趋势是宽行密植,按照采用砧木的矮化性状、树形和土壤的质地及肥沃程度确定合理的株行距,有计划地密植,提供前期产量,通过间伐,保持合理的优质高效栽培株行距。

在栽植方式上一般平地采用正方形或长方形,山地或丘陵梯田上,稍宽的可采用等距离三角形栽植,只能栽1行的宜栽于靠外边1/3处。

(二)整地开沟

整平地面。这是苗木定植的第一道工序,要求每一个栽植区内的地面要平整,不能出现一边高一边低或有的地方高有的地方低。山区、丘陵地要沿等高线整平,利于灌溉。

根据确定好的行向和株行距在垄上拉出行线挖定植沟,确定穴栽的密度,再根据株距画好穴点开挖,定植沟一般深、宽各 60~80cm;定植穴一般长、宽各 100cm 左右,深 60~80cm。挖沟(穴)时,把上面 30cm 表土放在一边,下面 40~50cm 的生土放于另一边。定植沟一般于地冻前开挖完成,填于表面的死土通过解冻和消融以及太阳照射利于熟化。

(三)施底肥

先在沟(穴)底填上 20~30cm 厚的作物秸秆、杂草(要切为短节或砸碎)等,上面填上 20cm 生土,然后把底肥与表土混合后填满沟(穴),并凸起 10cm。多余的土盖在上面或用作起垄。沟(穴)填满后要灌 1 次透水,使沟内土塌实。底肥一般以猪、鸡、牛等的粪便、沼渣等腐熟好的有机肥为主,按每株 50~100kg 或每 667m^2 施肥量 3000~5000kg 施入,底肥必须与土搅拌均匀,否则定植后,当根系生长到纯土中时得不到充分的营养供应,当生长到纯肥处时又会因肥料浓度过高而烧死根系,都会影响到苗木的正常生长甚至致死。拌匀后回填踩实。地下害虫多的田块,要在施底肥的同时,土壤拌施辛硫磷颗粒剂等杀死害虫。

(四)栽植时期

樱桃的栽植有 2 个时期,即秋季落叶后至地上冻前(10 月下旬至 12 月中旬)和春季地解冻至萌芽前后(2~4 月)。北方地区樱桃种植一般在春季,由于大樱桃萌芽较早,因此比其他果树要提前一些,以 3 月上旬种植为最佳时间;稍温暖地区一般采用秋季定植,此时定植,根的伤口愈合早,过冬地温升高后,根系可早日恢复活动,新根生长也早,成活率高。北方地区若秋季定植,必须采取覆膜、埋土、堆草、缠塑料条等办法防寒、防抽条。陕西关中和陕南地区以 11 月份栽植最好,冬季较寒冷地区宜在春季土壤解冻后栽植,栽植后及时灌水、覆膜、保墒,提高地温,有利于生根,提高成活率。

(五)苗木处理

樱桃苗木定植前要对苗木进行整理和处理。整理主要是根系,剪去劈裂根、伤口较大以及过长的根,另外分开壮苗和弱苗,便于定植后分别管理。

处理就是在定植的前一天将苗木从假植沟中挖出后,把根系放在水中浸泡 12h 左右,使其吸足水分,另外最好在栽植前用多菌灵、0.5°Bé 石硫合剂等杀菌剂和根癌宁(K84)等防根癌菌剂对根系进行处理。如有条件根系蘸上黄泥浆后再栽植可大幅提高成活率。

如果移栽大苗,起苗时要从树冠外缘向内挖,保持根系完好不受伤、不伤根;起苗后立即栽植,远途运输的要带土球并用草绳捆绑或根系蘸泥浆并用塑料薄膜袋将根系包严,里面撒些湿锯末,以防根系失水抽干。

(六)栽植方法

如果挖的是沟,要先根据株距打好定植点;若是穴,则以穴的中心为定植点。在定植点挖一个深20～25cm、长、宽各30～40cm的小穴(根据苗木根系大小定),把苗木置于穴中心,掌握嫁接部位高度距地面10～15cm,边填土边轻提并稍抖动苗,使根系舒展。填土至根颈部后踩实,再填至穴平。若现挖穴栽植的,在回填混合均匀的肥土时,要边填边踩,在距离地面20～30cm时,踩实为中间略高、四周略低的馒头状,随后将苗木放入坑内,使根系在馒头状的顶部自然舒展,然后继续填土,把表土填在根系周围,心土填在表面,填平踩实。

栽时要注意:①栽植深度以埋没原根际土印2～5cm为宜。栽植过深,根系呼吸不畅,影响正常生长,且易使根系腐烂;栽植过浅,易受风害和旱害。②根系一定要舒展,否则易发生"窝根"现象,造成根系发育和吸收功能受阻,导致苗木生长不良或死亡。③若栽芽苗应使接芽的方向在主迎风面,否则主枝易遭风劈裂,造成不应有的损失。④注意踩实穴土和苗木前后左右对齐。

(七)定植后管理

(1)苗木定植后,首先用多出的土顺行修畦或在穴周围修树盘,然后灌1次定根水,要灌足灌透,使根系与土壤充分结合,水渗入后再用土封穴。秋季栽植的还要在苗木周围培起土堆,保水防冻,还可防止野兔啃食苗木。北方地区秋季定植的,一定要采取防抽条的措施,一般可在枝和干上缠塑料条,可选用地膜剪成3～4cm宽的长条进行,另外覆地膜对抽条也有良好预防作用。

(2)开春在树液开始流动到萌芽前,按预先设计的树形进行定干或对芽苗进行剪砧。芽苗剪砧时注意剪口距接芽的芽片保持0.5～1cm的距离,防止剪口抽干而降低接芽成活率。

(3)苗木开始萌芽后,灌1次水,满足展叶和新梢生长的需求。等土壤稍干时及时中耕松土保墒。芽苗要及时抹除砧木芽,使营养集中于品种芽的萌发和生长;成品苗也要注意及时抹除砧木芽。

(4)地膜覆盖既防冻、抗旱、防抽条,又可以提高地温,促进苗木生长。方法是在苗木的两边各铺一条宽约1m的地膜,四周用土压住即可。不要在地膜上再压土,以防影响阳光直射到土壤上。期间灌水可进行行间或膜下灌溉。但要注意在6月份扯掉地膜,防止烧根。扯膜后可覆草,既有保墒和防杂草的作用,腐烂后还可增加土壤有机质。

(5)定植后到展叶前,要严防食叶性害虫(金龟子、象甲等)对芽、幼叶的危害。

五、改良更新建园

大樱桃树的丰产寿命有限,管理好的大樱桃园其盛果期年限可达15～25年,管理一般的大樱桃园挂果10～12年后就会逐渐进入衰老期,产量和果实品质会逐年下降,病虫害也会加剧。同时老龄果园由于栽植时间较早,因此在品种上很难适应目前市场需要,并且面临着更新的问题。由于树体衰老高接换头已失去意义,最好的办法是重新建园或改植。

(一)重新建园

对中密度或高密度樱桃园不适宜改植时可毁园重新建园。可选新区建园,如果要在原地建园,必须进行土壤深翻(60cm)并清理完老树大小根系,并进行土壤消毒和土壤改良,增施有机肥,倒茬种植禾本科作物3～5年以上。

大樱桃对土壤条件要求较高,适宜栽植的土壤是土层深厚、质地疏松、通透性好、保肥保水能力较强、土壤肥料较高的沙壤土和富含磷钾等矿质营养的砾质壤土。目前,我国与欧美先进国家果树产业的差距除品种、技术、营销等方面外,最主要的就是土壤质地差距很大,国外果园土壤有机质含量达到5%～15%,我国只有1%左右,土壤改良任务十分艰巨。土质黏重、结构不良、沃土层浅、肥力很低的土壤,土壤改良常用的方法是挖栽植通沟、全园深翻、客土改良、掺沙改良等,如因条件所限无法在苗木栽植前做好的,则应在建园后结合施肥逐年深翻扩穴。

(二)重茬地改植建园

大樱桃盛果期一过,树体逐年衰老,病虫害和气象灾害引起的枝条死亡越来越多,即使树体寿命还长,但产量及果实品质越来越差,经营收益直线下降,树体已很难恢复,适时改植可保持园地收入稳定。改良区域,未经3年以上轮作休整,一般不宜再栽植大樱桃,如果无法倒茬的区域,要在原地建园,必须采取系列防治再生障碍的技术措施。

1. 改植时期的确定

对密植的大樱桃园,在盛果期开始出现产量下降、品质变劣征兆时就要准备改植。

2. 重茬地土壤改良

(1)客土栽植。定植穴内的土壤最好全部更换新土,并按 $40\sim60kg/m^3$ 施入完熟有机堆肥。下层最好埋入 30cm 的农作物秸秆。对改植树每年施入完熟堆肥 $3t/667m^2$ 以上,补充土壤养分亏损。

(2)深翻改土。砍伐掉老果树后,应彻底清理园内残枝落叶,清除残根,集中烧毁,并进行多次翻耕晒地,消灭病虫源。深翻扩穴最好在 9 月下旬至 10 月中旬结合秋施基肥进行。定植前一年秋天或初冬进行全园耕翻,根据土壤的肥力情况每 $667m^2$ 施入 $5000\sim10000kg$ 有机肥用于改良土壤。

3. 错位挖穴定植

(1)定植选用无毒大苗,对重茬果园的土壤有一定的适应性,可减轻重茬病害。苗木最好选 3 年生以上无毒、生长旺盛的壮苗,移栽到轮作后的老果园中。注意起苗时要保持较完整的根系。

(2)定植樱桃树要尽量避开原来的栽植位置挖定植穴,将土全部翻出,表土和心土分开放,经过夏、冬季的风吹日晒,于秋季或次年早春回填。栽植苗木要使根系伸展,埋土至苗木在原苗圃时的入土深度,填土后踩实、浇水,水渗入后用土封穴,并培成 30cm 左右高的土堆,以利保蓄土壤水分。在幼树定植后的头几年内,从定植穴边缘开始,每年或隔年向外扩展,挖宽 50 cm、深 60cm 的环状沟,回填时将腐熟的有机肥或腐殖质土与表土混合后填入坑内,提高土壤有机质含量,增强土壤通透性。土质黏重的平地和容易积水的低洼地要顺地形起垄栽植,以利于排水。山丘地樱桃园采用半圆形扩穴法,地势平坦的樱桃园采用"井"字沟法逐年交替深翻或深耕,以防伤根太多影响树势。

4. 加强管理

改植树成活后,对老樱桃树要进行逐年回缩,以不影响改植树的生长成形为准,待改植树有一定产量时可将老樱桃树全部伐除,并尽可能清理完土壤中的树根。

(三)间伐改造

大樱桃树生长势旺,萌发力强,成枝率低,栽植过密的大樱桃园很容易扩冠封行,株间交错,行间封闭,树冠内部光照不足,内膛枝条枯死,结果部位外移。生产上既有乔化栽培,又有矮化、半矮化栽培,株行距普遍偏小,一般每667m^2植60~200株,株行距为4m×5m、1.5m×2.5m或2.5m×4m。在经历了初结果几年的产量逐年上升、品质稳定的时期后,产量开始随树龄增加不增反降,病虫害多发,果园密闭造成工作效率低下,日常作业困难,果实品质快速下降。此时间伐改造,能迅速扭转大樱桃树树体老化的局面,使果园年轻化,产量、果实品质、树体抗逆性得到恢复并进一步加强,大大延长盛果期年限。

(1)间伐的时期。正常情况下株行距2m×3m、2.5m×4m或接近的株行距大樱桃园,可在第5年开始进行间伐准备工作。高密度矮化园可于第4年开始进行间伐。

(2)间伐改造的方法。

1)根据大樱桃园实际情况,确定间伐措施,高密度半矮化大樱桃园采取先隔株间伐后隔行间伐,中密度矮化大樱桃园采取隔株梅花形间伐,宽行密植园采取隔株间伐。

2)确定临时树和永久树或在栽植时采取计划密植。

3)先缩后伐。大樱桃园还未封行前临时树要给永久树让路,凡与永久树接近的临时树的枝条要及时回缩;对已封行的大樱桃园,确定好临时树后要逐年回缩,在确保产量不受影响的前提下,用3~4年时间回缩临时树,最后再彻底间伐。

4)在缩伐临时树的同时,要加强永久树的综合管理,轻重结合,迅速扩大树冠,提高树高。及时利用徒长枝调整主侧枝方向和角度,充分合理利用空间。必要时可改变永久树的树形。

5)间伐改造应因地制宜因树改造。既可去除大枝,改变树形,也可回缩大枝,控制侧枝和枝组数量。

第五章 土肥水管理技术

大樱桃生长发育需要一个稳定的肥水系统,喜水怕涝、喜肥怕多,一旦树体过旺,将对2年左右的产量产生影响,而一旦树体衰弱,极难恢复。大樱桃通过根系吸收水分、肥料和其他物质,土肥水的管理就是要为根的生长吸收活动创造一个最佳环境。

一、土壤管理

(一)大樱桃的需肥特性

在生长发育过程中,由于大樱桃树果实生长期短,从展叶、开花、果实发育到成熟都集中在生长的前半期,即4~6月下旬,而花芽分化则集中在采收后较短的时期内,具有需肥迅速和集中的特点,施肥时要注意适期施肥,应重视秋季施肥及春季追肥2个关键时期。

由于早春气温及土壤温度较低,根系的活动较差,对养分吸收的能力较弱。因此,在生长的前半期主要是利用冬前在树体内贮藏的养分,贮藏养分的多少及分配对大樱桃早春的枝叶生长、开花、坐果和果实膨大有很大影响。所以秋季基肥中氮、磷、钾要平衡,开花前后追肥时侧重钾肥,采摘后追肥侧重磷肥。

3年生以下的幼树,树体处于扩冠期,营养生长旺盛,此期对氮、磷需求较多,以氮为主,辅以适量磷肥,促进树冠及早形成,为结果打下坚实的基础。3~6年生和初果幼树,此期除了树冠继续扩大,枝叶继续增加外,关键是完成由营养生长到生殖生长的转化,促进花芽分化是施肥的重要任务。因此,施肥上应注意控氮、增磷、补钾。7年生以后进入盛果期,除供应树体生长所需肥料、补充消耗外,更重要的是为果实生长提供充足营养。需要增施氮、磷、钾,在果实生长阶段补充钾肥,可提高果实的产量与品质。

(二)肥料种类

(1)农家肥料。农家肥料是由含有大量生物物质、动植物残体、排泄物、生物废物等积制而成的有机肥料,具有就地取材、就地使用、来源广泛、养分全面、成本低廉、使用方便等特点。包括堆肥、沤肥、厩肥、沼气肥、绿肥、作物秸秆肥、泥肥、饼肥等。

(2)化肥。指经化学合成的氮、磷、钾等大量元素肥料和微量元素肥料及其复合肥料等。常用的有尿素、碳酸氢铵、硫酸铵、过磷酸钙、氯化钾、磷酸二氢钾、氮磷钾复合肥、磷酸二铵、磷钾复合肥、果树专用肥等。

(3)水溶肥。泛指任何能够全部溶于水的,容易被施入和均匀渗散在土壤中或栽培基质中的任何肥料。一般是指含有氮、磷、钾和多种中、微量元素的配方肥料。水溶性肥料作为一种高浓度复混肥料,具有养分含量高($N+P_2O_5+K_2O \geqslant 50\%$)、营养全面、杂质少、速效和完全水溶等特点,肥料利用率高,可应用于小管出流、滴灌等节水农业,实现水肥一体化,达到省水、省肥、省工的目的。水溶性肥料根据其使用方法、方式的不同,又可以分为冲施肥和叶面肥2种。

(4)其他商品肥料。即按国家有关法规规定,受国家肥料部门管理,以商品形式出售的肥料(化肥除外),肥料的使用应符合《肥料合理使用准则 通则》规定(NY/T 496)。

(三)施肥方法

常见的施肥方法分为:沟施、撒施、叶喷、涂干等。

1. 沟施

即开沟施肥,基肥均采用沟施,土壤追肥也常应用。沟的位置以树冠投影为准。开沟时注意不要伤害较粗大的根系,施肥后必须及时覆土并灌水。一般分为环状沟施肥、条沟施肥和放射沟施肥3种方式,宜交替使用,以增加肥料分布范围,促进吸收总量。

(1)环状沟施肥:幼树期一般结合扩穴进行施用,定植第1年从定植穴的边缘挖一深、宽各60cm左右的环状沟,先在沟底填上15cm左右厚的作物秸秆,然后把肥与土掺和均匀后施入沟内。可2年形成一个环状,即每年在樱桃树的两侧各开半环状沟。根据根系与树冠的生长情况逐年扩大。

(2)条沟施肥:在樱桃树的株间或行间或隔行开沟施肥,每年交替互换。一般秋施基肥时,沟的宽、深各60cm左右,长以树冠冠幅而定。而用于追肥时,以深15~20cm为宜。

(3)放射沟施肥:适用于株行距较大的盛果期果园采用。挖沟时,以树干为中心,离树干0.5m处向外由浅到深、由窄而宽开挖4~6条沟,均匀分布呈放射状,沟长超过树冠边缘。用于追肥,沟深10~15cm;用于施基肥,沟深10~60cm。

2. 撒施

适用于盛果期树,把肥料均匀地撒在树冠下或整个园区,然后浅锄。施基肥和土壤追肥都可采用。

3. 叶面喷施

即把追施的肥料溶于水中,用喷雾器将其喷洒到果树叶背及叶面上,将肥分直接供应给树体,养分吸收转化快,简单易行且节约肥料。一般在喷施后数小时植株便可吸收,24h可吸收50%,2~5d即可全部吸收。叶面喷施要注意:①肥料浓度不可过高,防止枝叶受伤影响正常的生长发育;②若与农药等混喷,必须是酸性肥料与酸性农药或碱性肥料与碱性农药混合,不得串混,且随配随用;③叶面特别是叶背要喷到、喷均匀;④掌握好喷施时间和间隔时间,一般以无风晴天的9时前或16时以后较好,阴天可全天进行,雨天及雾天或有露水时不进行,间隔一般最少7~10d以上。

4. 树干涂抹

主要以黏状液体肥料进行,如氨基酸液肥、沼液等,通过主干皮层渗透吸收,还有杀虫除菌的作用。

5. 灌溉冲施

随着浇水将易溶于水的肥料如商品水溶肥、粪尿类及沼液等施入土壤。一般用于追肥。也可将樱桃所需的营养经配方后形成肥料溶液,利用滴灌或微喷灌的设备、管道等进行施肥。这种方法养分分布均匀,节约费用。

6.穴施(点施)

利用施肥枪将水溶肥按一定比例注射施入大樱桃根部,是最适合大樱桃的春季追肥方式,另外在幼树或树盘下覆地膜时追肥也可采用。

(四)年施肥量

在中等肥力水平下,大樱桃年生育周期每 667m² 施肥量为有机肥 2500～3000kg(或商品有机肥 350～400kg),氮肥 13～15kg、磷肥 5～7kg、钾肥 7～9kg。有机肥作基肥,氮、钾分基肥和采后追肥二次追施,磷肥全部作基肥,化肥和有机肥混合施用。

(五)施肥时期及技术

山东农业大学姜远茂根据实验结果以及综合有关资料确定不同树龄的大樱桃施肥量供参考(表 5-1)。

表 5-1 不同树龄大樱桃施肥参考量

树龄/年生	有机肥/(kg·667m²)	尿素/(kg·667m²)	过磷酸钙/(kg·667m²)	硫酸钾/(kg·667m²)
1～5	1500～2000	5～10	20～30	3～5
6～10	2500～3500	10～15	30～40	5～10
11～15	3500～4500	15～25	30～50	10～30
16～20	3500～4500	15～25	30～50	10～30
21～30	4500～5000	15～30	35～60	15～35
>30	4500～5000	15～30	35～60	15～30

1.秋施基肥

基肥是大樱桃树年生长周期施用的基础肥料,对树体一年中的生长发育起着决定性作用。有机肥和生物有机肥作基肥,其中包括圈肥、牛羊粪、鸡粪等。这些肥料中除了含有比较完全的养分元素(如氮、磷、钾、硫、钙、镁、铁、锰、硼、铜等)以外,还含有大量有机质。

(1)施肥时期。由于大樱桃萌芽开花期需要的是树体的贮藏营养,所以基肥对下年树体生长发育起着决定性作用。基肥一般在秋末至初冬土壤封冻前(9～11月)施用,以早施为好,这样有利于树体贮藏养分的积累。

(2)施肥量。基肥量约占全年施肥量的 70%。基肥以有机肥为主,结合土壤深翻或在行间开沟深施,沟深 50cm 左右。使用发酵好的有机肥(如鸡粪、猪粪、羊粪、兔子粪、奶牛粪)等,时间以 8~9 月份为宜。按面积施肥每 $667m^2$ 施 3000~4000kg;按产量施肥每产 1kg 果施 2~3kg 有机肥。注意在初结果期可适量添加复合肥,做到控氮、增磷、补钾。早施、施足基肥利于有机肥的腐解和营养元素的释放,也利于根系的愈伤再生及吸收,促进树体贮藏营养水平的提高,促使花芽发育充实,增强抵抗霜冻的能力。

(3)注意事项。基肥使用的有机肥必须完全腐熟。未经腐熟的有机肥危害如下:

1)灼伤根系。未腐熟的动物粪便有机肥其养分状态是缓效性的,不能被果树根系直接吸收和利用,如果将其施入,在地下腐熟过程中,易产生热量造成根部灼伤(俗称"烧根"),引发根腐病。

2)营养释放与树体需肥不同步。比如秋季施入未经腐熟的有机肥,由于土壤温度低,在地下腐熟需要较长时间。第 2 年春季,树体需要大量的营养物质,而缓慢腐熟的有机肥所释放出的有限的有机营养根本无法满足树体的需要。同时,在腐熟过程中微生物还会消耗掉一部分果树根系土壤中原有的营养元素(如氮肥),树体往往表现营养不良。进入夏秋季后,雨量增加,地温快速上升,腐熟速度明显加快,释放出更多的可被树体吸收的有机营养物质,导致树体生长加快,大量冒条,果实着色不良,营养生长过剩,花芽分化能力差,使大量的有机营养物质白白浪费,树体营养供给失调。

3)易招惹地下越冬的害虫。未经腐熟的有机肥由于含有大量的动物性有机质,故而成为许多果树害虫的理想越冬场所,特别容易招惹为害果树的金龟子(蛴螬)、桃小食心虫、尺蠖、舟形毛虫、梨花网蝽等,对虫害防治极为不利。

2. 追肥

大樱桃开花后生长发育所需要的营养是靠当年树体制造的养分和追肥补充的养分,追肥对提高坐果率、促进果实发育、促进枝叶生长和花芽分化等非常重要。追肥次数要根据树龄、栽培管理方式、生长发育时期、外界条件以及基肥施用情况而定。一般幼龄树和结果树果实发育前期追肥以氮磷肥为主;果实发育后期以磷钾肥为主。追肥按追施方式分为土壤追肥和根外追肥;按追施时期主要分为果实采前追肥和采后追肥 2 个阶段。在正常施用基肥情况下,只有采后追肥采用土壤追施,其余追肥建议采用叶面喷肥或施肥枪追施水溶肥,尽量减少前期根系伤害。

(1)果实采前追肥:一般又分为花前追肥、花期追肥和花后追肥。

开花前主要采用土壤追肥并以氮肥为主,一般每株结果树施腐熟人粪尿30kg或豆饼水2.5~5kg,或尿素1kg,或硫酸铵2~2.5kg。幼树酌减。施肥后即刻灌水,使其肥效充分发挥。

开花期土壤施肥肥效较慢,为尽快补充养分,提高坐果率,通常采用根外追肥。一般盛花期将0.3%的尿素+0.2%的硼砂+600倍磷酸二氢钾等混合后喷施;花后正值幼果生长和新梢生长期,对养分需求量较大,适期追肥更为重要,一般于花后10~15d开始到果实成熟前20d,土施速效性氮肥或喷施1~2次磷酸二氢钾及植物活力素、高美施、绿芬威等叶面肥,若加以树干涂抹氨基酸液肥则效果更好。

(2)采后追肥:大樱桃采后10d左右,花芽开始大量分化,分化期为40~50d,新梢基本停长,应尽快在采果后追施速效性肥料。可采用土壤追肥结合根外追肥的办法,一般每株施复合肥1.5~2kg均可,施肥后立即浇水;生长后期结合病虫害防治叶面喷施3~4次磷酸二氢钾等叶面肥。

(3)落叶期追肥:为了提高大樱桃树体内贮藏营养的积累量和浓度,可在落叶前1周叶面喷施5%的尿素。

二、水分管理

(一)大樱桃的需水特性

樱桃由于根系分布浅,栽培中既不抗旱,也不耐涝,对水分反应比较敏感。特别在谢花后到果实成熟前的果实发育期是需要水的高峰期,不能缺水;在雨季因降雨量大又容易引起裂果和积涝,这些因素都会影响到樱桃的生长发育与果实品质和产量,严重的可能引起树体死亡。因此做好适时适量浇水、及时排涝,对樱桃的生长发育极为重要。

(二)灌水时期

1.萌芽水

一般在大樱桃发芽到开花前(3月中下旬)之间进行,主要满足展叶、开花对水分的需求,有利于花芽的形成,既关系到当年产量的高低,又关系到来年的产量。这次浇水可降低地温,推迟花期4~5d,可减轻或避开晚霜的危害。花前水又可有效地增加各类结果枝上的叶面积,有利于花芽形成,既关系到当年的产量,又为来年的产量打下基础。

2. 硬核水

落花后 10d 左右,如天气干旱可勤浇水,少浇水,见干见湿,此时期浇水对果实产量和品质有很大影响。如果水分不足,就会发生幼果早衰或落果,严重影响到产量。

3. 采前水

采收前 10d 是果实迅速膨大期,若缺水会影响产量和质量,但若浇水过多,不但易裂果,而且会延迟成熟。要求浇水要勤,灌水量要大,一般 2~3 次。沙壤土可采用漫灌的形式,以水分浸透土壤 40~50cm 为佳。浇后及时中耕。

4. 采后水

果实采收后进入花芽分化阶段,应及时施肥浇水,但这次浇水宜小不宜大。以水湿过地皮为好,浇水后应有短期的干旱,有利于花芽的形成。

5. 封冻水

10月份秋季施基肥后浇一次透水,要浇足、浇透,浇后要搞好保墒,以增强树体越冬能力。该次水可促使基肥尽快腐化,促进施肥时造成的根系伤口尽快愈合,促发新根,吸收营养,增强树体的营养水平;可使土壤温度下降变慢,提高越冬抗寒力,对樱桃安全越冬,减少根系、枝条和花芽冻害,以及开春的生长发育有实际意义。

(三)浇水方式

1. 滴灌

是利用管道向土壤渗水的灌溉方式,也是投资少、省工、简易,不破坏土壤结构的好措施,比漫灌节水 60%~80%。

2. 微喷灌

微喷灌,是将微喷管顺树干延行间分布,灌水时在树冠下延行向向外形成 1~3m 的微喷区。

3. 漫灌

漫灌是生产中最常用的灌溉方式,一般用于沙质壤土,在土壤较旱或植株需水高峰期进行。黏质土壤及设施促早栽培不宜采用。

4.分根区灌水

分根区灌溉,也叫隔行灌溉,即每次使樱桃的半边根系吸足水分,通过传导保证另一边根系也能正常生长,既节约用水,又可控制灌水量,也能保证树体良好生长。特别在果实着色期宜采用此法。要注意两边交替灌水。

(四)排水

大樱桃根系分布较浅,呼吸旺盛,既不抗旱,也不耐涝。一旦遇上雨水过大的年份,会使樱桃深层的大根全部沤烂,造成成片死树。据观察,当樱桃园土壤含水量达到饱和时,只要2d叶片就会发黄。大樱桃园的排水系统分为主排水沟、支排水沟和行间排水沟。

1.起垄栽培

如果是土壤黏重,预计容易积水的大樱桃园,在建园时可采用行间低、把植株栽植在位置高出的地方即起垄栽培,可避免积水。

2.明沟排水

即在园内行间开40～50cm的排水沟,将水排开。

3.暗管排水

在园内地下80cm深安设排水管道,将土壤中多余的水分由管道中排除。

三、水肥一体化

传统上灌溉和施肥都是分开进行的。但近年来现代果园管理技术普遍试验推广果园水肥一体化技术。水肥一体化是一种科学、节约、高效的水肥管理技术,采用水肥一体化技术,很容易做到平衡施肥、合理施肥,一般可以使果树处于营养正常水平,最终表现为果大、果甜、外观靓丽、商品率高。

最简单的水肥一体化技术就是将肥料溶于水,然后人工淋施到每株树的根部,一些果园建沤肥池,将人畜粪尿、花生麸、豆饼沤烂后,用水泵加压直接用托管淋施到每株树。对规模化经营的果园,建议安装滴灌施肥系统。它有很多突出优点:①容易做到水肥一体化,实现灌溉和施肥有机结合;②做到果园每株树均匀供水供肥,不受地形和高差的限制;③灌溉和施肥的效率高,几百上千亩的灌溉和施肥任务1人可以在2～3d完成;④经久耐用,系统实施寿命可达8年以上;⑤果树生长快、产量高、品质好。

第六章 生长特性及生产管理技术

一、大樱桃的形态特征

(一)根系

大樱桃的根系主根不发达,主要由侧根向斜侧方向伸展,一般根系较浅,须根较多,但不同种类有一定差别。一般用作大樱桃砧木的马哈利樱桃、考特和山樱桃根系比较发达。中国樱桃根系较短,主要分布在5～30cm深的土层中。播种繁殖的砧木,垂直根比较发达,根系分布较深。用压条等方法繁殖的无性系砧木,一般垂直根不发达,水平根发育强健,须根多,固地性强,在土壤中分布比较浅。土壤沙质,透气性好,土层深厚,管理水平高时,樱桃根量大,分布广,为丰产稳产打下基础;相反,如果土壤黏重,透气性差,土壤瘠薄,管理水平差时,根系则不发达,也影响地上部分的生长和结果。

(二)枝干

大樱桃属于落叶乔木树种。树冠一般高达4～5m,通常小树有中央主干,大树中央主干不明显,形成圆头形或扁圆头形。枝条外皮比较光滑,有横向皮孔,枝干上有时能形成花束短枝,这是和其他果树有区别的一个特点。

(三)芽

大樱桃的芽单生,分叶芽和花芽2类。枝的顶芽均为叶芽,一般幼树或成龄树旺枝上的侧芽多为叶芽。成龄树上生长势中庸或偏弱枝上的侧芽多数为花芽。从形态上看叶芽瘦长,呈尖圆锥形,花芽较肥胖,呈尖卵圆形,两者有较明显的差别。结果枝上的花芽通常在果枝的中下部,花束枝除中央是叶芽外,四周都是花芽。一个花芽内簇生2～5朵花,花芽内花朵的多少,与其着生的部位有关,在树冠上部或外围枝条上花芽内的花朵多。

大樱桃的侧芽都是单芽,即每个叶腋间只形成一个叶芽或花芽,因此,在修剪时必须认清叶芽和花芽,短截部位的剪口芽必须留在叶芽上,才能保持生长力,若剪口留在花芽上,一方面果实附近无叶片提供养分,影响果实发育,品质差;另一方面,该枝结果后便枯死,形成枯枝。

大樱桃侧芽的萌发力很强,1年生枝上的叶芽多数都能萌发,只有基部极少数侧芽有时不萌发而转变成潜伏芽(隐芽)。即使是直立的枝条其侧芽也都能萌发,这个特点有利于樱桃的修剪管理,容易达到立体结果。樱桃枝条如果不短截,其顶芽延长生长,不易形成生长强的分枝,故幼树需通过冬季短截来培养骨干枝和增加枝量。一般粗壮的枝条在剪口下能抽生出3~5条中、长发育枝,其余芽抽生短枝或叶丛枝。枝条冬季短截虽然能增加成枝力,但是能刺激叶芽生长旺盛而延迟结果。因此,在幼树有一定树形后,可以通过夏季摘心来增加枝量,一般在新梢长至10~15cm时摘心,摘心部位以下的叶芽有1~2个萌发成中、短枝,其余芽则抽生叶丛枝,在营养条件较好的情况下,叶丛枝当年可以形成花芽。所以,夏季摘心是增加分枝、加速成形、提早结果和早期丰产的重要手段。

大樱桃潜伏芽大多是由枝条基部的副芽和少数没有萌发的侧芽转变而来。副芽着生在枝条基部的两侧,形体很小,通常不萌发,只有在受刺激时,如重新回缩或机械损伤,伤口附近副芽即萌发抽出新枝,因此樱桃树30多年的大树其主枝很容易更新,这是维持结果年龄、延长寿命的重要特性。

(四)枝条

大樱桃的枝分为发育枝和结果枝两大类。

1. 发育枝

又称营养枝或生长枝。其顶芽和侧芽都是叶芽。幼龄树和生长旺盛的树一般都形成发育枝,叶芽萌发后抽枝展叶,是形成骨干枝、扩大树冠的基础。进入盛果期和树势较弱的树,抽生发育枝的能力越来越小,使发育枝基部一部分侧芽也变成花芽,发育枝本身成了既是发育枝、又是结果枝的混合枝。

2. 结果枝

枝条上有花芽、能开花结果,这类枝条称结果枝,按其长短和特性可分为混合枝、长果枝、中果枝、短果枝、花束状果枝。

(1)混合枝:长度在20cm以上。中上部的侧芽全部是叶芽,枝条基部几个侧芽为花芽。这种枝条能发枝长叶,扩大树冠,又能开花结果。这种枝条上的花芽发育质量差、坐果率低、果实成熟晚、品质较差。

(2)长果枝:长度为15~20cm。除顶芽及其邻近几个侧芽为叶芽外,其余侧芽均为花芽。结果后中下部光秃,只有顶部几个芽继续抽生出长度不同的果枝。初期结果的树上,这类果枝占有一定的比例,进入盛果期后,长果枝比例减少。

(3)中果枝:长度为5~15cm。除顶芽为叶芽外,侧芽全部为花芽。一般分布在2年生枝的中上部,数量不多,也不是主要的果枝类型。

(4)短果枝:长度在5cm以下。除顶芽为叶芽外,其余芽全部为花芽。通常分布在2年生枝中下部,或3年生枝条的上部,数量较多。短果枝上的花芽,一般发育质量较好,坐果率也高,是樱桃的主要果枝类型之一。

(5)花束状果枝:是一种极短的结果枝,年生长量很小,仅为1~2cm,节间很短,除顶芽为叶芽外,其余均为花芽,围绕在叶芽的周围。花芽紧密成簇,开花时好像花簇一样,故称花束状果枝。这种枝上的花芽质量好,坐果率高,果实品质好,是盛果期樱桃树最主要的果枝类型。花束状果枝的寿命较长,一般可达7~10年,那翁品种甚至长达20年。一般壮树壮枝上的花束状果枝花芽数量多,坐果率也高;弱树、弱枝则相反。由于这类枝条每年只延长一小段,结果部位外移很缓慢,产量高而稳定。

以上几类结果枝因树种、品种、树龄、树势不同所占的比例也不同。中国樱桃在初果期以长果枝结果为主,进入盛果期之后则以中、短果枝结果为主,大樱桃在盛果期初期有些品种以短果枝结果为主,如大紫、小紫、养老、红蜜、红艳等品种,有些品种以花束状果枝结果为主,如那翁、滨库、雷尼、红灯等。但总的来说与树龄和生长势有关,在初果期和生长旺的树中,长、中果枝占的比例较大,进入盛果期和偏弱的树则以短果枝和花束状果枝结果为主。

(五)叶

大樱桃叶为卵圆形、倒卵形或椭圆形。先端渐尖,基部有腺体1~3个,颜色与果实颜色相关。一般中国樱桃树叶较小而大樱桃叶较大,另外叶缘锯齿中国樱桃多尖锐,大樱桃锯齿比较圆钝。叶的大小、形状及颜色,不同品种有一定差异。花为总状花序,有花1~10朵,多数为2~5朵。花未开时,为粉红色,盛开后变为白色,先开花后展叶。花瓣5枚,雄蕊20~30枚,雌蕊1枚。樱桃花的授粉结实特性,不同种类区别较大,中国樱桃与酸樱桃花粉多,自花结实能力强。欧洲大樱桃除拉宾斯、斯坦勒、斯塔克、艳红等少数品种有较高的自花结实外,大部分品种都明显地自花不实,而且品种之间的亲和性也有很大不同。

(六)果实

大樱桃单果重一般8~10g或更大一些,果实有扁圆形、圆形、椭圆形、心脏形、宽心脏形、肾形;果皮颜色有黄白色、有红晕或全面鲜红色、紫红色或紫色;果肉有白色、浅粉红色及红色,肉质柔软多汁。

二、年生长周期及其特点

大樱桃一年中从花芽萌动开始,通过开花、萌叶、展叶、抽梢、果实发育、花芽分化、落叶、休眠等过程,周而复始,这一过程称为年生长周期。了解大樱桃生长发育规律,可采取相应的栽培管理措施,满足樱桃生长发育需要的条件,达到优质、丰产、高效的目的。

(一)萌芽和开花

大樱桃对温度反应比较敏感,当日平均气温到10℃左右时,花芽开始萌动;日平均气温到15℃左右开始开花(陕西关中地区3月末4月初开花,整个花期约10d),一般气温低时,花期稍晚,大树和弱树花期较早。同一棵树,花束状果枝和短果枝上的花先开,中、长果枝开花稍迟。同一朵花通常开3d,其中开花第1天授粉坐果率最高,第2天次之,第3天最低。中国樱桃的花期比欧洲大樱桃早15d左右。

(二)新梢生长

叶芽萌动期,一般比花芽萌动期晚5~7d,叶芽萌发后约有7d左右是新梢初生长期。开花期间,新梢基本停止生长。花谢后再转入迅速生长期。以后当果实发育进入成熟前的迅速膨大期,新梢则停止生长。果实成熟采收后,对于生长势比较强的树,新梢又一次迅速生长,到秋季还能长出秋梢。生长势比较弱的树,只有春梢一次生长。幼树营养生长比较旺盛,第1次生长高峰在5月上中旬,到5月下旬延缓生长,或停长;第2次在雨季之后,继续生长形成秋梢。

(三)果实发育

大樱桃属核果类,果实由外果皮、中果皮(果肉)、内果皮(核壳),种皮和胚组成。可食部分为中果皮。果实的生长发育期较短,从开花到果实成熟35~60d。大樱桃的果实发育过程表现为3个阶段:

第一阶段为第1次迅速生长期,从谢花至硬核前。主要特点为果实(子房)迅速膨大,果核(子房内壁)迅速增长至果实成熟时的大小,胚乳亦迅速发育。这阶段结束时果实大小为采收时果实大小的53.6%~73.5%。时间虽不长,但果实生长迅速,对产量起重要的作用。

第二阶段为硬核和胚发育期。主要特点果实纵横径增长缓慢,果核木质化,胚乳逐渐被胚发育所吸收而消耗,这阶段大体为10d。这个时期果实实际增长仅占采收时果实大小的3.5%~8.6%。如果此阶段胚发育受阻,果核不能硬化,果实会变黄,萎蔫脱落,或者成熟时多变为畸形果。

第三阶段为第2次迅速生长期,自硬核至果实成熟。主要特点是果实迅速膨大,横径增长量大于纵径增长量,果实着色,可溶性固形物含量增加。这个时期果实的增长量占采收时果实大小的23%~37.8%,这个阶段在迅速生长的同时主要是提高品质。果实在发育第三阶段如果遇雨,或者前期土壤干旱,后期灌水过多易产生裂果现象。从解剖果皮的观察可见在果实缝合线部细胞排列不紧密,这是引起裂果的原因之一。生产上要保持稳定的土壤水分状况,维持树势,以防采前裂果。

(四)花芽分化

大樱桃花芽分化时间较早,在果实采收后10d左右便开始生理分化,而后转入形态分化。从解剖镜观察,开始形成苞片而后形成花原基,再进入花萼形成期,花瓣形成期及雄蕊和雌蕊原基形成期5个时期,整个分化期历时40~45d完成。历时1个多月,关中地区的大樱桃花芽分化期一般在6月上旬至7月中旬结束。在正常情况下,大樱桃每朵花只分化1个雌蕊,但在夏季高温干燥时,1朵花可以分化出2~4个雌蕊,第2年开花结果后,能结出2~4个果连在一起的畸形果。例如在1997年夏北京地区高温干燥,1998年此地区生产的樱桃连体畸形果比例较多。为了促进花芽分化,在樱桃采收后要及时施肥浇水,补充果实的消耗,促进枝叶的功能,制造更多的光合作用产物,为花芽分化提供物质保证。

(五)落叶和休眠

我国北方地区樱桃落叶一般在初霜开始时,大约在11月中旬。在管理粗放的情况下,由于病虫害及干旱引起的早落叶,对树体营养积累、安全越冬会有不良影响,并且会引起第2年减产。落叶后即进入休眠期,树体进入自然休眠后,需要一定的低温积累,才能进入萌发期。根据日本佐藤昌宏的资料,大樱桃在7.2℃以下需经过1440h,自然休眠才能结束。也就是说在7.2℃以下需2个月才能通过休眠,了解自然休眠需要的冷量,对大棚果树栽培具有重要的意义。

三、整形修剪技术

整形修剪的目的是要调节树体与外界环境的关系,主要是合理地利用光能,调节生长与结果的关系,使果树早结果、丰产、稳产,并且延长盛果期。各种树种生长结果习性不同,整形修剪方式、方法也不同。

(一)修剪的原则

大樱桃整形修剪应本着因树修剪,随枝造形;统筹兼顾,合理安排;轻剪为主,轻重结合;夏剪为主,冬夏结合;开张角度,促进成花;保持级差,结构合理等原则进行。

(二)方法及技术要求

1. 休眠期修剪

(1)短截:短截是大樱桃修剪中应用最多的一种方法。短截又依剪截程度不同分为轻短截(截去枝条全长的1/3)、中短截(截去枝条全长的1/2)、重短截(截去枝条长度的1/2以上)、极重短截(在基部1~3芽以上短截)。前3种短截的主要作用是增加枝梢密度,促进营养生长和枝组的更新复壮。对骨干枝的延长枝进行适度短截,有利于增加枝量和扩大树冠,促进早成形,早结果。

(2)甩放:即对1年生枝条不截,也是大樱桃修剪中常用的一种手法。其作用与短截完全相反,主要是缓和树势、调节枝量、增加结果部位和花芽数量,提高坐果率。因此为了提早结果、早期丰产和长期高产稳产,在整形修剪中除了对各级骨干枝进行轻短截外,对其他枝条应采用甩放手法,并掌握好甩放的程度和时间,待枝条结果转弱之后及时回缩复壮。

(3)回缩:对结果枝组和结果枝进行缩剪,可以使保留下来的枝条获得较多的养分和水分,从而有利于壮树和成花。缩剪适宜,结果适量,则可保持树势中庸健壮。因此,缩剪也应该掌握好程度和时间,使之不因缩剪而发生长势过旺或过弱现象。

(4)疏枝:疏枝可以改善树冠内膛的风光条件,提高果实产量和质量。对大樱桃而言,除了病枝、断枝、枯枝及长枝枝头上的轮生枝最多保留2~3个,其余在当年必须疏除以外,对其他枝条的处理一般应尽量少用或不用疏枝。这是因为疏枝必然造成伤口,而大樱桃伤口较其他树种愈合慢,且易发生流胶现象,严重削弱树势。特别是疏除大枝,削弱树势更重。因此,应尽量少用或不用疏枝手法,即使采用,也应及早在生长季节进行。在国外由于果园采用机械化修剪,树体的风光条件差,因此要配合人工疏枝来改善风光条件。为促进伤口愈合和防止伤口感染发病,通常的做法是及时对伤口涂抹保护剂,其中涂抹乳胶漆的效果最好。

(5)台剪:指只留1~3芽进行极重短截的修剪方法,适用于幼树。大樱桃的树杈易劈裂,夹角小的枝不宜作主枝,角度小的可留台剪。主干形树幼树期间若侧枝粗度超过主干1/3以上,可对侧枝进行台剪。

2.生长期修剪

(1)除萌:是指从春季至初夏将无用或有害的萌芽、萌枝除去。除萌的目的在于节省养分并防止枝条密生郁闭,影响光照和通风条件。因此,对疏枝后产生的隐芽枝、徒长枝以及有碍于各级骨干枝生长的过密萌枝,应及时除去。

(2)抹芽:在生长季节,及时抹去过多的无用萌芽,目的在于节约养分,防止无效生长,集中营养用于有效生长。一般在枝背上萌发的直立生长的芽,内向萌芽,疏枝后产生的隐芽萌发等有碍于各级主枝生长的过多萌芽以及树干基部萌发的砧木芽,都应在萌芽期及时抹去。但在樱桃的各级枝上的芽,除隐芽外基本都能萌发,这些芽一般只能形成叶丛枝,生长量极少,叶片大而多,可制造大量的养分,当树体健壮,透光条件好时,能转化成花束状结果枝,不可抹去。

在幼树整形时,对主干形进行快速整形也用抹芽技术,主要做法是:主干延长头除留1个剪口芽外,抹去其下10~15cm的所有芽;对上部分无分枝的主干,从下部分枝处向上每隔10~15cm留1芽,按螺旋状排列,其余芽全部抹掉,对留下的芽在萌芽期刻芽,可达到快速成型的目的。

(3)开角:主干形幼树期当主干上发出的新梢长至5~10cm时,用牙签、小衣夹等将新梢开角到70°～80°。

(4)摘心:摘心是指新梢在尚未木质化之前,摘除先端的幼嫩部分。摘去前端5cm左右,摘心后只能萌发1～2个新梢而延伸生长。连续轻度摘心,且生长量在10～20cm,可形成结果枝。对幼树进行摘心,促使萌发更多的枝条,降低枝条着生位置,迅速增加枝、叶量,扩大树冠,减少无效生长,促进花芽形成。对初果期和盛果期树在花后7～10d摘心,可起到节约养分,提高坐果率和果实品质,提高花芽形成质量,减少营养生长量的作用。

(5)剪梢:新梢木质化后不便摘心,就要进行剪梢。生长旺盛的新梢生长到40cm以上时,剪去15～20cm以上,一般能萌发3～4个分枝;留5～10cm左右连续重剪梢,不但能促发分枝,还能使下部萌发长成短枝或叶丛枝,形成小型结果枝组。骨干枝剪梢,留枝要长;背上徒长枝和幼果期剪梢,留枝要短。剪梢一般在7月下旬以前进行,过晚发出的新梢多不充实,易受冻害和抽干。

(6)扭梢:就是在新梢半木质化时,用手捏住新梢的中下部反向扭曲180°,使新梢水平或下垂,伤及木质和皮层但不折断。在5～6月份扭梢有利于形成花芽,尤其幼果期扭梢,可以抑制新梢生长,将养分及时供给果实满足其膨大需要。对背上枝、内向枝进行扭梢,能有效地削弱生长势,增加小枝数量。扭梢时间要把握好,扭梢过早,新梢柔嫩,尚未木质化,易折断。扭梢过晚,新梢已木质化,皮层与木质部易分离,也易折断,往往造成从扭梢部位死亡。

(7)拿枝:在夏季高温时用手对旺梢自基部到顶端逐步捋拿,伤及木质而不折断的操作方法叫作拿枝。拿枝在5～8月皆可进行。拿枝有较好的缓势促花作用,还可利用其调整分枝基角,效果较好。

(8)拉枝:休眠期修剪并不能一次性解决树体的风光条件,有些大枝条冬剪时如过分强调角度,势必需要去除,对树体造成不必要的损失。在生长季节内,通过拉枝的办法可解决冬季修剪不能彻底解决的问题,以减少疏枝量。拉枝的时间,春、夏、秋、冬皆可,以夏、秋效果好。因为此时树体的叶幕已基本形成,枝条疏密、叶幕厚薄以及膛内风光条件的优劣显而易见,另一方面,此时拉枝,树体反应比较温和,背上不易冒条。但以成花为目的的拉枝,要在春季发芽前后进行,若拉枝过早,树液尚未流动,枝条较硬,容易劈裂,另外拉枝前要先上下左右活动枝条,使其基部软化,便于增大拉枝角度。5月中旬以后拉枝,对当年成花效果不大。拉枝的角度不同类型枝条要求不一样,通常主枝和侧枝以60°～70°为宜,当年生旺枝,可从春季开始拉到80°～90°。拉枝要准备胶皮垫、木橛和绳子。

(9)疏枝:一般在采果后进行,这时疏枝的效果往往好于冬季。主要是将过密、过强,严重影响光照的多年生大枝去掉,改善树冠内部的风光条件,均衡树势。采果后疏枝的伤口愈合容易,对树势的削弱轻。

(10)秋剪:9月以后,新梢不再延长,生长基本上处于半停止状态,树体对修剪的反应不敏感,新梢顶部的嫩绿部分还在继续生长,不断消耗老叶制造的养分,剪掉当年生枝的嫩绿梢部,可节省营养,促进枝条自身及花芽和叶芽发育充实。

(11)环剥(割):花期对大樱桃进行环剥,可促进花芽形成,提高花朵坐果率和果实品质,对果肉硬度和糖度的提高效果尤为明显。环剥宽度为枝条直径的1/10,环剥后用有色塑料薄膜包裹,促进愈合。大樱桃枝条环剥以后,伤口愈合较慢,且容易出现流胶现象,因此应慎用。

(12)刻伤:大樱桃萌芽期,用刀或钢锯条在芽上方或下方的枝上横刻一刀,深及木质部。刻伤有"一"字形刻伤和"屋脊形"刻伤。在芽或枝的上方刻伤,可使下位芽萌发,促进枝条旺长,但在弱枝弱芽上刻伤,效果不明显;在芽下刻伤有抑制芽生长的作用,但生长季节在枝下刻伤可起到对上位枝的促壮作用;在萌芽期刻伤重,发枝强,反之则发枝弱;紧靠芽的上方刻芽,发枝率高,分枝角度小;在芽上方较远处刻伤,发枝率较低,分枝角度较大。

(三)大樱桃的几种树形介绍

1. 自由纺锤形

(1)树体结构:树高标准为(株距+行距)/2。树高达到标准后,每株有主枝14~18个,每隔15~20cm培养1个主枝,围绕中心干螺旋状排列。同向主枝间距应大于50cm。主枝粗度不能大于中干粗度的1/3。主枝上不留侧枝,只留结果枝组。

(2)整枝方法:栽植后1周进行定干、刻芽。定干高度80~100cm,抹除剪口下第2、3芽,防止产生竞生枝,刻芽自定干剪口下20cm开始,至离地面50cm止。中间根据所需发枝方向刻3~5芽。刻芽后,将定干剪口和刻芽伤口分别用润面油(或动物油脂)涂抹保湿,对所刻的芽子涂抹激素(抽枝宝),8~9月份,对当年所发枝条(除最顶部1枝外),全部捋枝、拿枝,使其与中干呈80°~90°角。同向重叠枝间距在50cm以上,也有4月中旬至9月上旬拉枝,一般要求主枝角度70°～90°,树(枝)势强的,角度可大些,反之宜小。

栽后第2年,修剪方法有2种:第1种,对前一年新发枝除中干延长枝外全部留橛修剪,中干上根据所需发枝方向继续刻芽8～10个。每隔3～5芽刻伤1个芽,以促发长枝。刻芽时注意下深上浅。除在芽尖上部0.2～0.3cm处用小钢锯条锯2～5mm深之外,用刀在锯口上部割一新月形伤口。等到所刻芽的最下部1个芽萌发后,将中干从发枝部位起留1.0～1.2m短截。剪口用白调合漆涂抹。该方法的优点是有利于中干强旺,对整形有利,缺点是延后1年开花。第2种,对前一年所发枝条,全部作刻芽处理。除背上芽及枝条顶端往后30～40cm不刻外,其余两侧芽全刻。刻芽方法,中干刻芽方法与第1种方法相同,其余枝条方法为用小钢锯条在芽尖上方0.2～0.5cm处锯断韧皮部半圈。此种方法处理的主枝,在立夏至小满期间进行环剥,以抑制其增粗,几年后当其粗度与中干粗度之比达1:3时可不再环剥。环剥宽度为枝径的1/20～1/15。每隔20cm环剥一道。剥后剥口用报纸包扎,尽量不用塑料薄膜包扎,以免薄膜下面起水珠,导致伤口流胶。环剥要选择晴天进行,并应在剥后有7～10d无降水的天气,否则容易引起流胶。该方法优点是主枝通过刻芽、环剥,下一年(栽后第3年)即可开花结果。但如果环剥跟不上,就会造成成花少,枝条增粗太快,不利于整形。

栽后第3～4年按第1种方法修剪的树,除中干继续同栽后第2年一样刻芽、短截外,其余枝条用第2种方法的枝条处理法进行。按第2种方法修剪的树仍然沿用以前的办法。4年以后,树高已达标准,中干可以不再短截,疏除竞争枝后任其生长,再过2～3年后按树高落头。5年以后,对出现衰弱的结果枝组应注意通过回缩和短截更新复壮。

另外,不论采取何种修剪方法,对于主枝上发出的长枝,于5～7月份,留10cm重摘心;在分出分枝时留2～3叶重摘心,可使60%以上的枝条形成腋花芽。

进入盛果期后生长减慢,在维持树体高度的同时,要加强水肥管理,促进壮树,应及时进行更新修剪,对结果3～4年的枝组进行回缩更新,每年更新率20%～30%。更新修剪在采果后立即进行,而不是在冬春季进行,回缩更新时留5～15cm的短桩,短桩上的芽萌发后,仲夏及时去除多余的萌蘖,防止相互竞争,并培养中、短果枝结果。

2. 层形纺锤形

定植后在苗高80～90cm定干,剪口下形成第一层主枝,其上每隔60cm左右留1层主枝,轮生上升,错位排列。中心干第1层主枝3～4个,2～3层主枝3个,第4～5层2个,其上轮状着生长势相近,水平生长14～16个主枝(上短下长),错位排列,主枝粗度是中干粗度的1/4～1/3,主枝上直接着生结果枝组,该树形适于株行距(2～3)m×(3.5～4)m的密植园。定植的幼树,生长季节通过抹芽、除萌、刻芽、环剥、摘心、拉枝、扭梢等几种方法,培养理想树形,促进早开花,结果,高产、稳产。

3. 披散纺锤形

(1)树体结构:该树形树高2.5～3m,干高0.8～1m,主干上螺旋状排列11～15个主枝,枝距15cm左右,主枝开张角度110°～120°,主枝粗度不能大于1/3。主枝上不留侧枝,只留结果枝组,该树形设施栽培株行距2.5m×3m,露地栽培加大行距。

(2)整枝方法:栽植高度1.5m以上的优质苗木,在1.2m处定干,抹除剪口下第2、3、4芽,在0.8～1m处刻3个芽培养3个主枝(芽尖抹抽枝宝),3个主枝方向均等错位排列,不要形成卡脖子。在3个主枝以上中干上每隔15cm左右培养1个主枝,螺旋状排列,主枝上短下长,待主枝长度达50～80cm时扭梢或拉枝下垂,角度110°～120°,当主枝两侧抽生的枝条达15～20cm时留10cm摘心促花,摘心后新梢延长后留2片叶再摘心。

4. 细长纺锤形(主干形)

近年来,随着吉塞拉系列矮化砧木的推广,大樱桃矮砧密植高效栽培发展迅速。国内外有关单位介绍了适用于吉塞拉矮化砧木大樱桃树的细长纺锤形(主干形)整形修剪技术。该树形具有树体结构简单,整形易,成形快,结果早,产量高等特点,适宜露地宽行密植栽培或大棚栽培。

(1)树体结构:该种树形适宜株行距(1～1.5)m×(3～4)m的栽植方式。树体呈细长纺锤形,树高根据行距确定,一般2.5～4m,干高0.5m左右,冠径一般小于1.5m,中心干强壮直立,其上均匀轮状着生30～50个水平或下垂的呈单轴伸长的小主枝,长度5～100cm,间距5～10cm,小主枝与其着生处中心干粗度之比为1:(5～6),小主枝不固定,当直径超过中心干的1/4时重短截更新,树体枝量充足,无掐脖现象。

(2)整枝方法:大樱桃幼树极性强,枝条两极分化明显,外围长枝无论短截与否,顶部易抽生多个长枝,形成三杈枝,甚至四杈枝,而其下绝大多数为短枝,很少抽生中枝。如任其生长,会消耗大量的养分,下部光照不足,使2～3年生枝段上的短枝迅速衰弱枯死,骨干枝后部很快光秃。因此,缓和幼树极性生长,减少顶端(或前部)拉力,促进中下部短枝发育并使其及早转化为结果枝,是大樱桃幼树整形修剪中的重要任务。

大樱桃的芽具有早熟性,抽生副梢能力强,多次摘心可促发2次梢、3次梢,可以利用这一特性加速整形。夏季新梢留10cm摘心,上部可萌发1～2个中长梢,下部形成短枝和叶丛枝。因此,新梢及时摘心和开张角度(基角)是加速整成主干形的关键技术。主干树形要求培养强壮的中心干,其上着生的小主枝与中心干矫正时要及时更新修剪(生长季及时将竞争梢由基部扭梢至下垂,留5～6片大叶连续摘心或于休眠期重短截更新),在中心干上尽可能多配备小主枝,以分散各小主枝的长势。新梢最迟在1m前进行基部扭梢至下垂状并摘心,避免与中心干形成竞争,以加快成形。

利用大苗建园,变"前促后控"为"促控结合",同时进行。主干形树冠径小,通风透光条件较其他树形更好,加强土肥水管理,使之多发枝而不疏枝,增加枝叶量,加快幼树营养器官建造,利用夏剪措施促使中心干上着生的新梢(小主枝)及时停长,及早形成短枝成花结果,以果压冠。不可沿用苹果"疏枝缓放"的修剪方法,否则,由于大樱桃成枝力较低和顶端优势强,易造成枝叶量不足,结果部位外移、内膛空虚的状况。

1)定植当年的修剪。若采用带有8～15个分枝的大苗建园,定植时不定干,重短截(留10cm左右)与中心干竞争的分枝;其余不短截,全部拉至下垂。中心上萌芽的新梢长10～15cm时摘心,控长促花,连续进行;侧枝上萌发的新梢也要及时摘心或扭梢控长,削弱小主枝长势,维持中心干延长梢的优势。带分枝大苗建园的前提是,苗木根系完整,定植后加强肥水管理,确保成活和当年抽生新梢。

若采用常规成苗(独干苗)建园,苗木要健壮,根系发达完整,在苗干中部饱满芽处定干,高度60cm。剪口下第1个芽萌发后作中心干延长梢,抹去剪口下第2、3芽,或萌芽后留3～5片叶摘心控制,避免与中心干延长梢形成竞争。从离地40cm高处起,萌芽前隔2芽涂发枝素(promalin,抽枝宝)促萌(定向多发枝,分散各小主枝长势),维持中心干延长梢的优势。作为结果小主枝培养的新梢长势强旺时,可在梢长10~15cm时用衣服夹、"W"形开角器、拉梢等方法开张新梢基角,拉至水平或下垂,缓和其长势,或每次留10cm左右连续摘心控长。也可在新梢半木质化(长度50~80cm)时进行扭梢,开张基角,方法是用食指和拇指捏住新梢基部扭至新梢下垂即可,并辅之以摘心控长促生短枝。新梢角度越小生长势越强,增粗明显,短枝和花芽形成越小。开张新梢基角越早,促生短枝和花芽的效果越明显。中心干上过密的新梢及时处理,可留5~6片大叶连续摘心,促进形成果枝。在加强肥水管理条件下,当年可形成9~20个长势好、结构合理的小主枝,为以后树形培养和提早结果打下良好的基础。中心干延长梢长势较旺的,可在新梢长40~50cm时摘除新梢顶端幼叶,保留新梢生长点,如此一直进行,以促发二次梢,加速树体成形。

若采用半成品苗(芽苗)建园,可在新梢长60cm左右时轻度摘心促二次梢,加速整形,同时注意新梢绑缚,避免被风吹折。

2)定植2~3年的修剪。定植第2~3年春季,萌芽前重短截(更新)与中心干竞争的小主枝,尽量避免疏枝,以免在中心干上造成大的伤口,不易愈合,感染流胶病。其余小主枝可拉枝缓放;中心干延长枝中,短截并涂发枝素继续配备小主枝,达到预定树高后不再短截。为保持中心干优势及小主枝单轴延伸,生长季对中心干及各小主枝上的竞争梢5~10cm时摘心、基部扭梢开张角度控制生长。中心干延长梢摘心促发二次梢,促成主干树形。在重视夏季修剪的基础上,吉塞拉砧木大樱桃第3年可基本成形,树体达到预定高度后注意控制上强,可重短截上部过多、过强的小主枝,或夏季摘心控制。

3)盛果期树的修剪。吉塞拉砧木大樱桃主干形整形第3年开始可进入结果期,此后树势趋于稳定,第4~5年进入盛果期。盛果期极易形成过量花芽,为延长盛果期年限,修剪的重点是以休眠期短截修剪为主,结合修剪疏除过量花芽,维持树体中庸偏强树势,提高果实品质。另外,要重短截更新过大的小主枝,避免与中心干形成竞争,并促发新芽,以养根壮树,树势偏旺时仍以夏季修剪为主,通过短截疏除细弱枝及过多花芽。对连续结果后冗长的结果枝及时进行回缩复壮,使中心干上各小主枝均能发出新枝。树势衰弱后再进行更新修剪,很可能出现发不出枝、越剪越弱的现象,树体复壮困难。因大樱桃喜光性极强,盛果期树还应注意控制全树枝量,使枝枝见光,防止树体郁闭。

4)配套技术措施。吉塞拉矮化砧木嫁接大樱桃结果早,但易过量结果,如

不加控制,大量结果致使果实小,品质差,树势易衰弱。因此,主干形栽培大樱桃特别注意土肥水管理,应选择土层深厚有水浇条件的地块建园;盛果期树加大量施肥量,以有机、土杂肥为主,提高土壤有机质含量,从根本上提高土壤肥力;大樱桃极不耐涝,应起垄栽培,土壤干旱时应及时浇水;另外特别注意盛果期树结合短截更新修剪,疏除过多花芽,严格控制负载量,使树体年年有一定量的新梢发生,但不旺长,叶片大、厚、光亮。

5. 超级纺锤形

树体结构:超级纺锤形(简称SSA)是近年来在意大利、美国等樱桃产区推广的高密度单主干树形,采用矮化砧木或半矮化砧木,树高2.5m左右,主干高60~80cm,中心干上着生20个左右主枝,主要采用主枝上的1年生果枝基部的花芽结果,结果部位离中心干较近,叶果比高,果实更大。每年要更新中心干上的所有主枝,除工作量相对较大外,技术要求简单,苗木栽植第2年即可结果。其整形修剪方法如下。

(1)大樱桃苗木定植。选择根系完整,无病虫害,嫁接口以上高度1~1.2m,节间较短,芽体饱满、分布均匀的优质壮苗建园。采用矮化砧木苗木时株行距0.5m×3m,采用半矮化砧木苗木时株行距1m×3.5m。苗木于嫁接口以上1~1.2m处定干,若栽植有侧生分枝的苗木,分枝留2~3个叶芽短截。在培养树冠期间,每年进行中心干环割,在芽体膨大时使用细胞分裂素——赤霉素类生长调节剂(如普洛马林、Pro、抽枝宝)促发主枝。注意一定不要在中心干上抹芽。

(2)整形修剪。

1)第1年的整形修剪。在新发出的主枝新梢长7~10cm时,用衣服竹夹开角,使主枝基部与中心干呈90°角。竹夹可以在2~3周后拿掉,或者随主枝新梢的延长,竹夹逐渐向外移动,以确保新梢水平生长。中心干上的芽只有在刻芽的情况下才能抽生成枝条,否则容易形成束状花芽。整形期间,可以顺行向拉2~3道铁丝,用以绑缚树体,保证直立生长,排列均匀,长势一致、中庸的主枝,基部的主枝第2年具备结果能力。

第1年休眠季整形修剪,主要是继续实施促发主枝措施,开始对已经形成的主枝进行"短梢"修剪,保证翌年形成合理的叶果比;更新或者培养新的结果主枝。所谓"短梢"修剪,就是每年去除1年生枝条的大部分长度,只保留基部的花芽和至少2个叶芽,保证第2年能继续形成新的枝条。中心干下部的主枝可以比上部的主枝留得稍长,以抵消顶端优势。短梢修剪可以在花芽膨大时进行,更容易区分形态饱满的花芽和较瘦弱的叶芽。中心干延长头的处理同上述定植后的方法,目的是在未来的生长季继续促发另外10个或以上的主枝,直到中心干的高度达到整形要求为止。如果第1年中心干上形成了过多的花束状短枝,导致抽生的主枝数量不够,可以把花束状短枝上的花芽全部抹掉,只保留顶部的叶芽,通过春天继续使用生长调节剂促进抽枝。

2)第2年及以后整形修剪。中心干上新发出的主枝新梢长7~10cm时,继续用竹夹开角,保持水平生长,管理同第1年生长季。在萌芽后4~5周或采果后,回缩至下部相对较弱的主枝处,控制过旺生长。第2年树冠达到最终高度,中心干上分布均匀的主枝数达到最终数量的70%,第3年达到100%。第2年进入结果期,第4年或第5年进入丰产期。保持树体稳定生长。

第2年及以后休眠季整形修剪,要对所有的主枝进行短梢修剪或选择性更新,保持树势的平衡和合理负载量。对每个结果主枝保留基部的花芽和之后的至少2~3个叶芽行短梢修剪,以促进叶幕更新。当主枝延伸过长,结果部位离中心干较远时,回缩成短桩,促发新的1年生枝,使结果部位重新靠近中心干。

生产上大樱桃采用任何树形都有其优缺点,生产者一定要根据立地条件、品种、砧木、劳动力状况和技术水平,选择适宜的树形和修剪方式。超级纺锤形(SSA)是从纺锤形演变而来的,只是把树体的生长控制得更为严格,整个生命结果期全部以1年生果枝的基部单生的花芽结果为主,代替以往的花束状短枝簇生的小花芽,结果习性明显区别于其他树形。这样可以获得理想的叶果比,生产的果实更大,质量更好。虽然单株产量有所降低,但在生产中可以通过提高栽植密度来弥补。SSA树形需要采用矮化和早实的砧木如吉塞拉5号。若大樱桃品种长势弱(桑提娜)或者自花授粉品种(拉宾斯),可以采用稍旺的砧木如吉塞拉6号和吉塞拉12号。1年生果枝基部花芽的结果能力强、长势旺、直立性强,容易产生侧枝的品种比较适合这种树形,比如甜心、Early Robin等。

6. KGB树形整形技术

大樱桃KGB树形是由澳大利亚人kym Green创立的。该树形树体矮,管理方便,工作效率高,节约劳动力,作业安全。整形修剪方法简单,不用拉枝,成形早,早产、高产。近年来,KGB树形开始在山东省推广,效果良好。

最适宜于 KGB 树形的是旺势品种,如美早、齐早、布鲁克斯等,一般枝条数量 18~24 个。也适宜于长势中庸品种,如萨米脱、鲁樱 1~5 等,一般枝条数量 15~20 个。不适宜于分枝角度大的品种,如早大果、瑞德,宜采用纺锤形。也不适宜于自花授粉品种,如桑提娜,不好更新。枝条开张的品种也不适合。

(1)定干。在垄上按株距挖栽植穴,每穴施入绿源牌有机肥 5kg,菌肥 1kg,与土掺匀,盖一层表土,避免根部直接接触肥料引起烧根。苗木根系浸水 12~24h 后栽植,定干高度 45cm,剪口下有 3~5 个饱满芽,灌透水。3d 后再浇小水,7d 后视土壤墒情浇小水,表土稍干后划锄保墒,安装滴灌系统,覆盖针孔状银色内黑的薄膜。

(2)定植第 1 年管理。

1)整形,促发分枝。定干高度 40~45cm,6 月上中旬每株发 3~5 个。旺势品种美早、布鲁克斯、萨米脱、鲁樱 1~5 号、胜利、早大果、瑞德等新梢长达 60cm,留 10cm 短截,当年可再长出 8~12 个长势均匀的枝条。自花授粉品种鲁玉、桑提娜长势弱,不短截。

2)冬季修剪。旺势品种根据植株长势强弱留 8~11 个长势一致的枝条作主枝,疏除过旺、过弱的枝。对留下的枝条留 5~15cm 短截,旺枝短留,弱枝长留。鲁玉、桑提娜和其他弱势植株仅能发出 3~5 个长枝,留 10cm 短截。整体修剪完毕顶部基本呈一个平面。

(3)定植第 2 年管理。生长季修剪促发新枝。旺势品种美早、布鲁克斯、萨米脱、鲁樱 1~5 号、胜利、早大果、瑞德等春季分枝多达 20~28 个,萨米托、鲁玉等品种分枝少。对枝条上发出的侧枝,处于内膛的及时去除;处于树下部外围的可保留,以削弱植株上强。强势品种美早、布鲁克斯等以弱换强,始终保持单轴弱枝延伸。

(4)定值第 3 年管理。

1)生长季修剪。对旺势品种在树冠外围发枝长 15cm 时及时去除竞争枝,留弱枝当延长枝,单轴延伸。枝条长 45cm 时轻摘心,促使基部花芽的形成。摘心后又发出的枝条长 5cm 时,留 1 个位置好的枝条,疏除其他枝条。旺势品种美早等当枝条又发枝条 30cm 时再次摘心,这时当年枝条长度达到 60cm。对再发枝条重复上面做法留 1 个延长枝,其他枝疏除,促花效果好。对弱势品种生长季不修剪。内膛叶片发黄随时疏除内膛挡光的枝条 2~3 个,达到通风透光。疏除主枝上内膛所有发出的新梢。强势品种如美早等更新后,若发枝多长势弱,则去除弱枝,留1~2个位置好的壮枝;若发枝少长势强,则要多留枝条。

2)休眠季修剪。在春季发芽前30d完成。对旺势品种美早等发有25个左右枝条的,疏除最强枝和最弱枝,保留至少15个长势均匀的枝条,剪掉枝条顶部1/5~1/4至盲节以下部位。对发枝不足20个枝条的,留30cm短截最强枝1~2个,促发分枝,疏去过弱枝1~2个,其他枝条顶部去掉1/5~1/4至盲节以下部位,促花。对布鲁克斯、胜利,保留20~22个枝条,修剪法同美早。对萨米脱、早大果、瑞德,保留15~20个枝条,修剪法同美早。鲁玉、桑提娜,保留8~12个枝条,去除弱枝,顶部去掉1/5至盲节以下部位。

(5)定植第4年管理。

1)生长季修剪。对旺势品种美早、布鲁克斯、萨米脱、胜利、早大果、瑞德等,每个枝条上发3~4个新枝,当枝长15cm时及时疏除竞争枝,留弱枝当延长枝,单轴延伸。随时抹除内膛发出的挡光新梢。果实膨大期对延长枝轻摘心2次,去除竞争枝。弱势品种在枝条顶部发新枝长15cm时及时去除竞争枝,留壮枝作延长枝,单轴延伸。旺势品种用弱枝当延长枝,使树体所发的枝条基本长势一致。

2)休眠期修剪。对粗大枝及不能折弯采摘的主枝进行更新剪截,所发新枝留30~40cm短截,短截枝上发出的新梢保留1~2个旺枝作更新枝,长到10cm时疏除较弱的和其他多余的新梢,以保证更新枝的长势。KGB树形不同品种的主枝的年生长量应达到60~90cm,大于这个指标时应增加主枝数量;反之,减少主枝数量。每次更新的主枝数量3~4个,占总枝量的20%,每5年轮流更新1遍。

嫁接在吉塞拉6号砧木上的大樱桃树,采用KGB树形整形,经过4年的整形修剪,树形基本完成,树体高2.5m左右,主枝的分枝由基部留7cm的短桩剪截,短桩基部的腋花芽来年结果,结果后从底部疏除。大多数大樱桃品种生长结果良好。

四、修剪伤口的处理

大樱桃栽培中,正常的修剪或其他原因不可避免地要对树体造成一些伤口。这些伤口不仅削弱树势,而且常常发生流胶现象,对树体的生长、结果极为不利,而且伤口越大,对树体造成的不利影响越重。因此,在日常果园管理和采收中,应尽量避免对树体造成机械损伤。在整形修剪过程中,也应尽量减少大伤口的发生。对必须疏去的大枝,伤口一定要小而平滑,切忌造成"朝天疤"。树体一旦出现大伤口,就应及时加以保护。目前最常用的方法是涂抹伤口保护剂,以促进伤口愈合和防止流胶发生。据资料介绍,疏除直径大于5cm的枝条时,对伤口涂抹乳胶或乳胶与杀菌剂合用,效果很好。此外,伤口愈合的难易与疏枝的时间有很大关系,一般应尽量避免疏大枝,如果必须疏枝也应注意不要一次疏除,分年分次进行,还要注意不要在冬季进行,可在生长季节果实采收后1个月至雨季前进行,大剪口要用药剂处理,然后用有色塑料薄膜包严,可达到充分愈合的目的。

五、高接换头技术

樱桃的高接换头包括中国樱桃改接大樱桃和大樱桃高接换种。高接树要选择生长健壮,无病虫害,特别是无病毒病、流胶病和根癌病,树龄低于10年,以5~6年生最佳。中国樱桃要选择大叶樱桃和莱阳矮樱桃,小叶樱桃根系不发达,长势弱,改接后易出现小脚现象。弱树,特别是根系不好的树,改接成活率低,长势差,树冠恢复较慢。高接一般在春季进行,萌芽前后嫁接成活率最高。另外也可在9月份高接,当年不萌发,高接前如果土壤含水量低于16%时,要在接前1周先进行浇水,再嫁接。

樱桃的高接换种一般分为一次高接和分次高接,春季用劈接或切腹接,秋季用带木质芽接,将全树进行多头高接。头的多少根据树体结构、树龄、栽植密度以及立地条件等来决定。4年生以上的樱桃树,一般改接主枝、侧枝或大辅养枝15~20个头,4年生以下的樱桃树,树龄小,枝量少,改接头数在10个以下。高接时要先疏除强枝、直立枝、细弱枝。粗度在3cm以上可用劈接,直径在2~3cm的枝可用切腹接。枝接除嫁接技术要娴熟外,要用牢固的塑料薄膜条绑紧,再在接穗上套上塑料袋;芽接后塑料薄膜条要绑紧,必要时亦可将芽绑在里面,待芽片成活后切除塑料条。高接后的管理技术:

(一)抹芽、除萌、松绑

春季枝接成活后,接芽开始萌发,要先将套在接穗上的塑料袋破袋放风,当新芽长到1~2cm时,将袋除去;先一年秋季芽接的枝条可在萌芽前解缚。同时分次抹除砧木的部分萌芽和彻底铲除根蘖苗,减少养分消耗。嫁接口完全愈合时,可解除绑缚的塑料薄膜条,防止枝条加粗生长时陷入皮层。新梢长到

15cm以上时,要绑缚支柱,固定新梢,防止折断,为了促进分枝,当枝长10～30cm时进行摘心。

(二)肥水管理

对改接的樱桃园,结合施肥可进行深翻分层施肥,为促进高接新梢生长,可每隔10d左右叶面喷肥,前期以尿素为主,后期喷磷酸二氢钾。

(三)病虫害防治

高接后的樱桃树,要保护好树皮,更要重视叶片的保护。叶片病虫害主要有穿孔病和红蜘蛛,可喷多菌灵和扫螨净或尼索朗进行防除。对枝干虫害蚧壳虫和红颈天牛要抓好萌芽前石硫合剂的喷施,并用10份生石灰＋1份硫黄＋40份水兑成涂白剂,涂刷树干。

六、花果管理技术

(一)大樱桃坐果率低的原因

1. 需水临界期遇干旱

大樱桃谢花后形成的幼果,其生长发育要经过3个时期。在这3个时期内均需要土壤持有不同的含水量,才能保证其正常的生长发育。特别是第2个时期,是其需水临界期。但往往因水分供应不到位,造成幼果旱黄落果(果皮皱缩、果柄黄化、一触即落)现象发生。尤其长势弱、花束状果枝多的树,其树冠内更容易发生。这也是缺水的山地果园或遇上干旱少雨年份坐果率低的一个重要原因。

2. 胚发育时期遇高温

大樱桃果实发育的第2个时期正是胚发育、核硬化的关键时期,此时温度的高低直接影响着胚的发育与核的硬化。调查发现,这一时期若气温长时间超过25℃,必然会制约胚的发育,使胚失去了产生大量生长素、赤霉素的作用,有碍于幼果细胞分裂。同时,丧失了调运大量营养物质进入幼果的功能,直接阻碍了果实的生长发育而大大降低了坐果率。

3. 缺乏某些中微量元素导致种子发育不正常

种子的正常发育是大樱桃坐果的最终条件。也就是说,只有形成了种子,大樱桃才能坐住果。授粉受精则是形成种子的第一步。当缺乏某些中微量元素时,授粉受精受阻,不能真正形成种子而落果。如缺钙素时,花粉管则不能顺利进入胚囊。缺硼素时,花粉不发芽,开花不坐果。

4.过量使用生长调节剂

为防止树体生长过旺,促其提早成花坐果,不少种植者片面、过量地使用生长调节剂(PP333、PBO)或含有生长调节剂的农药、化肥。过旺生长得到控制,但也产生了不少柱头明显低于花药的畸形花。这样的花不能有效地进行授粉受精,根本不能坐果。

5.营养不良

由于立地条件、天气状况及不能科学地施用肥水等原因造成了树体营养亏缺,长势不旺。这种树不仅形成花芽少、质量低,而且这些花芽开放后,有不少花柱头萎缩在萼筒中,花瓣还没脱落,柱头就已发黄枯死(雌蕊退化),根本无法受精坐果。

6.修剪过重

由于不了解大樱桃的生长结果习性,盲目地套用苹果、梨的修剪方法来对待大樱桃,这在生产中司空见惯。突出表现在疏枝过多、短截过重、错时修剪、强求树形;重视休眠期修剪,轻视生长期修剪等方面。这些不科学的习惯修剪方法往往加大或加重了大樱桃的修剪量,致使后期枝叶旺长、营养生长过度。尤其花后旺长的枝叶消耗了大量有限的贮藏营养,直接减少了对幼果的营养供应,最终造成落果加重、坐果率低。另外,过多地施用氮肥、花后大量浇水也刺激了坐果期新梢旺长,一定程度上影响了樱桃的生殖生长。

7.花期前后天气异常

近几年,极端天气发生频繁。调查发现,大樱桃花期前后平均最高气温达28.1℃,大大超出其此时的适宜温度(12～22℃)。这样的高温发生在花前,可造成雄蕊败育,形成没有花粉或低质量花粉的花药;发生在花期,可使花药破裂,失去或降低其授粉受精能力;发生在花后,尤其在果实发育第2时期,不但可造成胚败育,同时可引发枝叶旺长加重落果。除此之外,花期大风、降雨、低温伤害均可明显影响授粉受精,降低坐果率。

8.授粉树配置不科学

由于不了解某些大樱桃品种具有单向授粉、自花不孕的特性,在建园时将花期不相近、含有同一个"S"基因的同种异名的2~3个品种种植在一起,因而起不到授粉树的作用,加之授粉品种数量少,定植不科学等造成了授粉受精不良,坐果率低下。

(二)提高大樱桃果实坐果率的措施

平衡树体营养分配,防止落花落果,是提高果实坐果率的有效途径。

(1)选择合适的栽培品种。选择的栽培品种一般应具有以下特点:自花结果率高,单果重大,丰产,树势中庸,抗性强,易于配置授粉树,且花期能避开当地晚霜危害。

(2)配置合适的授粉树。大樱桃多数品种自交不亲和,需要配置授粉树进行异花授粉才能结实。授粉品种要具备与主栽品种之间花粉亲和、开花期一致,适应性强、果实的经济性状高的基本要求。目前大樱桃授粉树组合的研究并不深,每一个品种的最佳授粉树不十分明了,生产上一般采用一个主栽品种数个授粉品种、互相补充的模糊配置方式。这也在一定程度上影响了大樱桃的商品性。

(3)增加树体的贮藏养分和花前肥水管理。大樱桃的萌芽开花过程需要的营养主要是先一年树体的贮藏养分,因此要提高坐果率首先要抓好先一年秋施基肥工作,做到以有机肥为主,每667m^2施3~4t;另外在落叶前1周叶面喷施5%的尿素提高树体贮藏养分;还要在春季萌芽前追施速效氮肥,满足大樱桃开花坐果后的营养需求。

(4)开展昆虫和人工授粉。通过蜜蜂、壁蜂和熊蜂等昆虫授粉以及人工辅助授粉,提高授粉成功率,防止落花落果。

(5)加强营养供应和调节。大樱桃开花后坐果和果实膨大所需的营养均来自当年的养分供应,要提高坐果率,就要通过疏花疏果,抑制营养生长,减少营养损耗;同时,花期和叶面喷肥,补充大樱桃授粉受精、坐果和果实膨大的养分需求。

(三)保果促花技术

(1)疏花芽:疏花芽是最有效的保果促花技术。春季芽体膨大后能明显地分辨出花芽与叶芽,此时可根据当年花芽的多少进行疏花芽,一般疏除发育不良、芽体瘪、不饱满的花芽,每个花束状果枝可保留3～4个生长健康饱满的花芽。一方面,在萌芽前疏除花芽,可节省许多养分;另一方面,留下的饱满花芽容易授粉受精,坐果率高,还减少了后期疏花、疏果的工作量。注意事项:①疏花芽适合于衰弱树体或主侧枝、结果枝组上的花束状果枝;②易发生晚霜危害的地区不提倡;③选择连年稳产的树实施,花芽少、树势强的树不进行;④疏花芽必须配套人工授粉。

(2)疏花:大樱桃开花后,可根据当年的花量情况进行疏花,剪去下垂枝、细弱枝,以及连续多年结果的花束状结果枝;在花蕾期疏除发育差的小花蕾和畸形花蕾;开花时及时疏去双子房的畸形花、弱质花。每个花序可留1～2朵花。

(3)疏果:大樱桃的合适坐果量为开花数的15%～20%,最大坐果量不能超过开花数的50%。叶果比为4～5,最低为3。疏果一般在第2次樱桃生理落果(硬核期)结束后进行,每个花束状短果枝留3～4个果,疏去小果、双子果、畸形果和细弱枝上过多的果实,还要疏掉光线不易照到而着色不良的下垂果,保留横向及向上的大果。通过疏果,可进一步调整树体的负载量,促进果实增大,提高果实的着色和含糖量,提高品质。

(四)防止二次开花措施

二次开花现象也称倒开花,也就是在采收后陆续发生开花的现象,最初主要出现于设施栽培,严重的温室大棚,花芽开花率达50%～80%,一直开到秋季天冷为止,造成下一年开花数量少而减产形成小年。露地大樱桃的二次开花现象主要出现在秋季,出现秋季萌芽,开秋花、抽秋梢、长秋叶的现象。近年来有逐渐加重的趋势。秋季开花不仅大量消耗树体养分,严重削弱树势,而且因大量花芽提前开放,严重影响翌年的产量及品质。同时还抽发大量秋梢、秋叶,影响树体的安全越冬。这可能导致来年的花果变少,甚至不开花结果。引起二次开花的原因很多,但主要是叶片受害和采后修剪过重引起,此外还有旱灾和涝灾的危害。防止措施如下:

(1)加强肥水管理,增强树势,提高树体的抗病能力。去除病枝,清扫落叶,集中烧毁,减少越冬病原。在发芽前喷4°～5°Bé石硫合剂。6～8月,每月喷1次等量式波尔多液(硫酸铜:生石灰:水=1:1:200)。发病严重的果园要以防为主,可在展叶后喷1～2次70%的代森锰锌600倍或70%的百菌清500～800倍液。

(2)适时揭膜。设施栽培樱桃,比露地樱桃至少早一个发育阶段,采收后,设施樱桃处于花芽分化期,还需要较高温度,而外界与设施内的温湿度相差还较大,如果立即撤膜,会对花芽分化产生极大影响,也会对树体和叶片等造成伤害。所以要经过通风锻炼,然后适时撤膜,进入露地管理。撤膜后最好能够利用遮阳网对树体进行保护,直至度过高温期。

(3)保护好叶片。果实采收后,结合叶斑病、褐斑病、穿孔病和卷叶蛾、金龟子、红蜘蛛等病虫害防治,每月叶面喷施1~2次0.3%的尿素或磷酸二氢钾,防止早期落叶。

(4)避免重修剪和结果枝短截。采果后避免立即重剪和结果枝短截,必要的修剪要等树势恢复后逐步进行。夏秋季徒长性枝条和大枝的修剪,修剪量控制在1/3以内。

(五)促进果实膨大的树体管理技术

1. *花后到樱桃果实硬核期前*

该期是需肥需水的高峰期,也是大樱桃坐果和果实膨大的关键时期,此期水肥管理水平的高低直接决定果实的质量和产量。以土施速效氮肥为主,结合叶面追肥,满足大樱桃坐果和果实膨大对肥水的需求。

2. *果实膨大期*

当新梢长到20cm左右进行反复摘心,抑制枝条的生长,减少新梢与幼果的养分竞争,可显著加大果实生长所需的养分供应,促进果实膨大。

3. *果实采收后*

采果后1~1.5个月是大樱桃花芽分化期,也是树体养分需求高峰期,此时应加强肥水管理,促进花芽良好分化,为下一年度打好基础。

4. *秋施基肥*

秋季要多施有机肥和多元复合肥,增加休眠期前树体的营养水平。施肥后,浇1次透水,便于有机肥的分解。

5. *冬剪*

调节合适的枝量和花量,确保树体负载适中。

(六)促进果实着色及品质提高技术

(1)摘叶:短果枝上的果实容易被簇生叶遮盖,为了促进果实着色,从果实始着色时开始,应把遮盖果实受光的叶片摘除,摘叶程度保持在遮光叶片的1/3以内,以免影响翌年花芽形成的质量。另外对遮光的新梢要及时进行摘心和拧枝。

(2)束叶:设施栽培大樱桃果实着色期,为了促进果实着色,可将花束状果枝上部叶片用皮筋轻轻扎成一束,使太阳光直接照射到果实上。

(3)铺设反光膜:从着色始期至果实采收前,在树冠下铺设银白色反光薄膜,利用薄膜的反射光,增加内膛果实的受光量促进果实着色。

(4)叶面喷肥:大樱桃成熟前1周叶面喷施磷酸二氢钾或促进着色的微肥。

(七)防止和减轻裂果的措施

裂果是果实成熟前,久旱遇雨或突然浇大水,由于果皮吸收雨水增加膨压,或果肉和果皮生长速度不一致,而造成果皮破裂的一种生理障害。大樱桃裂果除了与本身的基因型、品种、砧木、果实特性等密切相关外,还与水分、土壤、栽培管理水平等外界因素有关。

1.品种选择

成熟越晚的品种愈容易遭骤雨天气发生裂果。在预防大樱桃裂果措施上,可选育抗裂果品种,如拉宾斯、艳阳、甜心等品种,在容易发生裂果的地区要选择成熟较早的品种以避开成熟期的骤雨。

2.水分管理

加强樱桃果实发育后期水分的管理,维持稳定、适宜的土壤水分。一般土壤含水量为田间最大持水量的60%～80%。后期灌水要少量多次,每次浇水量控制在5cm以内,防止土壤水分急剧变化,有条件的地区,要尽可能采用微喷灌技术。后期雨水多的地区,要加强果园排水。

3.利用植物生长调节剂

花后20d喷10mg/kg的赤霉素,可减少裂果;采收前25d喷12mg/kg的赤霉素＋0.3%的氯化钙水溶液,每隔3～6d喷1次,可大量减少裂果。

4. 果面喷施钙肥

钙能提高果皮韧性,促使细胞壁的发育,从而提高果实的抗裂能力。在4月中旬,喷0.5%的高能钙,也可以在4月末或5月初喷巨金钙或氨洛钙,或于坐果后每隔10d左右喷1次0.3%的氯化钙等。

5. 搭设防雨棚

在樱桃着色前在树冠上搭设临时防雨棚,以防发生裂果,效果明显。

(八)双子果现象

双子果指1个小花柄上发生2个以上的雌蕊产生的果实。在上一年的花芽分化期仔细剥离芽的鳞片,能够发现1个花芽中存在2条或更多的雌蕊。第2年花期可以发现双子果的花为多瓣花,很易识别。双子果商品性低,应尽量避免双子果的发生。

1. 双子果产生的原因

大樱桃花芽分化期遇到持续高温干燥天气,第2年很容易出现双子果。在我国华北、中原、西北等内陆地区这种现象较多。

2. 预防双子果的措施

(1)果实采收后的花芽分化期要加强水肥管理,尤其采果后2个月是关键。如果该期气候高温干燥,在进行土壤水肥管理的同时,每隔10d左右叶面喷施1次磷酸二氢钾,补充养分的同时,增加果园湿度,可明显减少双子果现象的发生。

(2)花期及时疏除多瓣花和多雌蕊的花朵。幼果期尽早疏除双子果。

第七章
病虫害防治及投入品管控

实行"预防为主,综合防治"的植保方针。在保持园区生物多样性的前提下,优先采用农业防治、物理防治和生物防治等防控技术,依据樱桃病虫害预测预报和发生程度,科学使用化学防治。

一、防治方式

(一)农业防治

选用无检疫性病虫害苗木,避免与梨树、李树等果树混栽。宜建立完善的果园道路、防风设施和排灌系统。生长季适时修剪,合理负载,保持果园通风透光。对为害中心明显、虫口密度大、有假死性和个体较大的害虫,根据害虫的栖息位置和生活习性采用人工或器械进行捕杀。冬季清园,刮除翘皮、病斑,剪除病虫枝条,及时清除园内枯枝、落叶,并带出果园集中处理。冬季修剪后对树体和地表喷施 3°~5°Bé 石硫合剂。

(二)物理防治

利用害虫趋光性,用黑光灯、杀虫灯等诱杀害虫。利用害虫趋化性,用糖醋液诱杀梨小食心虫、金龟子、卷叶蛾等害虫。利用害虫越冬习性,树干绑缚草、诱虫带、集虫板等诱集和消灭害虫。入冬前树干涂白兼治树干病虫害。

1. 色板诱杀

在距离地面 1.5 m 左右的树枝上挂粘虫黄板,诱杀蚜虫等害虫,及时更换废板并集中回收处置。

2.灯光诱杀

桃蛀螟、食心虫、蛾类、金龟子等害虫可安装频振式杀虫灯或黑光灯诱杀；宜连片统一，每2hm²挂1盏，高度离地2.5 m左右，且高于树冠顶部0.2 m以上。

3.防虫网

设施栽培的果园可加装18目～22目的防虫网。

4.防护网

宜搭建防鸟网。

(三)生物防治

可种植油菜、蚕豆等蜜源性作物，保护和利用寄生蜂、蜻蜓、瓢虫等优势天敌种群及有益生物。秋季可在果树第1分枝下方10～20 cm处绑缚瓦楞纸诱虫带、草纸和干稻草等，引诱梨小食心虫等害虫进入其中越冬，待翌年出蛰前取下并集中销毁。花期每667m²悬挂5个糖醋液罐(红糖：醋：酒：水＝2:6:1:20)，悬挂高度1.2 m左右，诱杀梨小食心虫、金龟子和蛾类等害虫，及时收虫并补充糖醋液。可使用梨小食心虫、桃小食心虫、桃蛀螟、卷叶蛾等诱芯和诱捕器，悬挂高度1.5 m左右，每667m²放置3～5个为宜。可使用梨小食心虫信息素迷向丝，每株1根，悬挂于树冠中上部外围枝条，干扰害虫交配。

(四)化学防治

在病虫害预测预报基础上适时用药。用药应均匀、周到。施用农药人员的安全防护和安全操作按《农药安全使用规范总则》(NY/T 1276)的规定执行。不适用高毒农药、剧毒农药和禁用农药(见附录)出口产品还需满足目标市场的需求。应选樱桃上登记的农药，优先选用低毒低残留农药，注意轮换用药和合理混用，目前樱桃上登记的主要农药见附录C。严格按照产品标签规定的剂量、作物、防治对象、施用次数、安全间隔期、注意事项等施用农药，不得随意改变。

二、常见病害及其防治

(一)根癌病

(1)为害症状：此病系一种慢性病，主要症状表现在根部，发生大小不同的癌肿物，通常为球形，小如豌豆，大如拳头。初生癌瘤无色或略显肉色，光滑、质

软,渐变褐色直至深褐色。表面粗糙,凹凸不平。染病后树势衰弱,易遭霜害,直至死亡。

(2)防治方法:①选择抗病力强的砧木,严格检疫,剔除病株,予以烧毁。②从外地来的苗木,要用根癌灵(k84)、菌毒清500倍液消毒后再进行栽培。③已发病的大树,可切除根瘤,然后用3%的DT杀菌剂30倍液或果富康1~3倍液涂抹伤口,同时还要将周围的土壤挖走,换上新土,防止病原细菌传播。

(二)穿孔病

1.细菌性穿孔病

(1)为害症状:叶片染病,初期在叶背近叶脉处产生淡褐色水渍状小斑点,后期叶片也出现,多在叶尖或叶缘散生。病斑扩大后成为紫褐色至黑色圆形或不规则形病斑,边缘角质化,直径2cm左右,病斑周围有水渍状黄绿色晕环。最后病斑干枯脱落形成穿孔。有时数个病斑相连,形成一大斑,焦枯脱落后形成一个大的穿孔,孔边缘不整齐。此病5月发病,7~8月发病严重。多雨、多雾、通风透光差、排水不良、树势弱、偏施氮肥等樱桃园发病较重,有时也为害枝梢。

(2)防治方法:

1)加强果园管理:增强树势,增施有机肥,合理修剪,改善通风透光条件,及时排水。冬季清除落叶,剪除病梢集中烧毁,清除病原。

2)化学防治:发芽前喷布石硫合剂或45%的晶体石硫合剂20~30倍液。发芽后喷72%的农用链霉素3000倍液、硫酸链霉素4000倍液,或代森锰锌1000倍液。

2.褐斑穿孔病

(1)为害症状:此病主要为害樱桃叶片。发病初期,形成针头大的紫色小斑点,以后扩大,相互结合,变为圆形褐色病斑,病斑上生有黑色小点粒,即为分生孢子块及子囊壳,最后病斑干缩,穿孔脱落。发病严重时,可造成早期落叶,削弱树势,影响产量。5~6月开始发病,7~8月发病最重。

(2)防治办法:

1)冬剪时,彻底剪除染病枯枝,清除有病落叶、残果,集中烧毁。发芽前,全树喷菌毒清500倍液,或喷1:2:160波尔多液。

2)可喷硫酸锌石灰液(硫酸锌0.5kg,消石灰2kg,水120kg),也可喷绿乳铜500倍液,或70%的甲基托布津600～800倍液进行防治。

(三)叶斑病

(1)为害症状:该病主要侵染叶片。酸樱桃受害叶片产生褐色或紫色不规则形坏死斑,数斑联合可使叶片大部分枯死,叶背面产生红霉。大樱桃病叶上叶斑大而圆,正面也可产生粉红色霉,病菌通常不侵染幼小叶片,被侵染的樱桃树均会造成落叶和落果。严重时树体的发育和产量会受到影响。

(2)防治方法:

1)扫净落叶并烧毁或秋末进行翻耕,以消灭病原。

2)在樱桃落花后喷1:2:160的波尔多液,以后每隔15d再喷1次。多雨年份应适当增加喷药次数。大樱桃最好用0.2°～0.3°Bé石硫合剂喷洒防治。

3)落花后也可喷洒10%的宝丽安可湿性粉剂1000～2000倍液进行防治,但注意该剂不能与酸性或碱性农药混合使用。或全树喷洒20%的苯醚甲环唑2500倍液进行防治。

(四)干腐病

(1)为害症状:干腐病多发生在主干、主枝上。发病初期,病斑暗褐色,不规则形,病皮坚硬,常溢出褐色黏液,后病部干缩凹陷,周缘开裂,表面密生小黑点,可烂到木质部,枝杆干缩枯死。该菌寄生力弱,具潜伏侵染特点,干旱年份和树势弱时发病重,树势恢复后,该病则停止扩展。

(2)防治方法:

1)加强栽培管理,增强树势;涂药保护伤口,防止冻害;及时检查并刮除病斑,刮除后用石硫合剂原液消毒保护。

2)发芽前喷机油乳剂,或喷布5°Bé石硫合剂铲除各种越冬病菌。5～6月喷1:2:240倍波尔多液2次进行树体保护。

(五)流胶病

流胶病是樱桃的一种综合性病害,发生极为普遍,发病原因复杂,很难彻底根治。树体流胶造成生理代谢失调,枯枝严重时导致整株树死亡。发生原因主要有2方面:一是由枝干病害,如腐烂病、干腐病、炭疽病、疮痂病、穿孔病等和蛀虫害、冻害、日灼伤及其他一些机械损失造成的伤口,引起流胶;二是由于修剪过度,施肥不当,水分不足或过多,土壤理化性状不良等原因引起树体生理代谢失调而发生流胶。

1.侵染性流胶病

(1)为害症状:主要为害枝干,1年生嫩枝染病后以皮孔为中心形成瘤状突起,直径1～4mm,其上散生小黑点,当年不流胶。翌年5月,瘤皮开裂,溢出树脂,由无色半透明变为茶褐色胶体。多年生枝产生水泡状隆起,直径1～2cm并有树胶流出。以菌丝体和分生孢子在被害枝里越冬。翌春3～4月弹射出分生孢子,借风雨传播,从伤口、皮孔、侧芽侵入。

(2)防治方法:

1)加强栽培管理,提高树体抗病能力。选择地势高、透水性好的砂质壤土建园,避免在黏性土壤、盐碱重的土壤建园。采用高畦起垄栽培模式,雨季及时排水,严防园内滞水。改变灌水制度,采取滴灌、渗灌或沟灌方式,禁止大水漫灌。防止果园特别干旱,避免旱涝交替。增施有机肥,改善土壤通气状况。对于酸化土壤需补充钙、镁养分,平衡施肥。如每667m^{2}施入200kg硅钙钾镁肥,既可补充中、微量元素,又能解决土壤酸化的问题;对于钙含量充足的土壤,主要措施是提高土壤保水能力,促进新根生长,强壮树势,合理负载。

2)尽量减少各种伤口。合理修剪,锯口涂抹愈合剂,避免拉枝形成裂口。日常管理尽量避免机械创伤。主干与大枝涂白,防止冻害、日烧。防止枝干病虫害,减少各种虫口。避免树体早期落叶。

3)药剂防治。萌芽前,喷布5°Bé石硫合剂或40%的氟硅唑500倍液、21%的菌之敌(过氧乙酸)100倍液、5%的辛菌胺(菌毒清)50倍液;采果后,结合防治叶部病害,喷2～3次40%的氟硅唑4000倍液、10%的苯醚甲环唑2000倍液、25%的吡唑醚菌酯2500倍液。喷药时,把主干、主枝喷湿、喷匀;秋季落叶前,喷铜制剂如波尔多液或喹啉铜200倍液,共喷2～3遍。

4)治疗技术。对已患病树,在早春时刮去胶斑,伤口涂抹40%的氟硅唑200倍液,或21%的过氧乙酸5倍液,或灰铜制剂(100g硫酸铜、300g氧化钙、1000g水),或者用生石灰10份、石硫合剂1份、食盐2份和植物油0.3份,兑水调成糊状涂抹。

2.非侵染性流胶病

(1)为害症状:为生理性病害。冻害、病虫害及机械伤是引起流胶的主要原因,施肥不当、修剪过重、结果过多、土壤黏重等引起树体生理失调的栽培管理措施也会导致树体流胶。患病树自春季开始,在枝干虫害、机械伤伤口处以及枝杈夹皮死组织处溢泌树胶,尤其雨季或长期干旱后偶遇暴雨,流胶病严重。流胶后,病部稍肿,皮层及木质部变褐腐朽,腐生其他杂菌,导致树势日衰,严重时枝干枯死。

(2)防治方法:

1)增施有机肥,防止旱、涝、冻害,增强树势,提高抗性。

2)树干涂白,预防日灼,一般用石灰、硫黄和水按1∶1∶20的比例配制涂白剂。

3)加强病虫害防治,特别是蛀干害虫的防治。

4)防止机械创伤和伤害主根,修剪时尽量避免大伤口。

5)雨季防涝,及时排涝和中耕松土,改善土壤通气条件。

6)早春发芽前将流胶部位病组织刮除,伤口涂45%的晶体石硫合剂20倍液,然后用白铅油或煤焦油保护。

(六)炭疽病

(1)为害症状:幼果至果实成熟期均能发病,6月为发病盛期。主要为害果实、叶片和芽。果实发病,先在果面上形成茶褐色凹陷病斑,病斑不久会产生黑色小粒点,上面产生橙黄色粒状物。幼叶上散生茶褐色环形病斑,老叶上散生大小不等的圆形或不规则形病斑,常造成落叶。从开花到7月,在树上枯死芽和死枝条产生的分生孢子靠雨水传播,雨量大的年份发病严重。

(2)防治方法:①冬剪后清园,尤其要剪除枯枝。②芽萌动前喷布3°~5°Bé石硫合剂铲除越冬病原。③坐果后每隔10~15d喷布1次50%的多菌灵可湿性粉剂800~1000倍液+80%代森锰锌1000倍液。

(七)褐腐病

(1)为害症状:主要为害花和果实。成熟期,灌水后遇连阴天或大雾天,易引起果实病害流行。栽植密度过大或修剪不当,通风、透光条件差,发病重。花的腐烂要到落花时才发现。花器变成褐色,干枯,形成灰褐色粉状分生孢子块。幼果发病时,在落花10d后,果面出现褐色小斑点,后迅速蔓延发展,引起整果软腐,病果成为僵果悬挂树上。

(2)防治方法:

1)建园时确定合理株行距,加强冬夏季修剪,保持果园通风透光,无湿气滞留。

2）及时收集病叶和病果，集中烧毁或深埋，以减少病原。

3）开花前或落果后喷77%的可杀得可湿性粉剂500倍液，或50%的速克灵可湿性粉剂1500～2000倍液。

（八）灰霉病

（1）为害症状：主要为害幼果、叶片及成熟果实。初侵染时，病部水渍状，果实变褐色，后在病部密生灰色霉层，果实软腐，最后病果干缩脱落，并在表面形成黑色小菌核。

（2）防治方法：

1）及时清除树上和地面的病果，集中深埋或烧毁。

2）落花后及时喷布50%的咯菌腈可湿性粉剂1000倍液。

（九）冠瘿病（枝瘤病）

（1）为害症状：初期多年生枝条叶痕或节点部产生小突起，暗褐色略膨大，分泌树脂逐渐形成肿瘤，表面粗糙呈凹凸不平状态。初生的幼嫩瘤体表面龟裂，呈土黄色，可以看到生长时裂开的新鲜的韧皮组织，呈新鲜的黄色。成熟的瘤体表面龟裂更为严重，大多从中间裂开，皮层老化严重，木栓化很坚硬，色泽逐渐变成褐色至黑褐色。肿瘤基本上着生在节点处，直径0.5～10cm，大小不等、形状不规则，在粗壮的主干上肿瘤的直径基本在5cm以上，而在较细弱的枝条上肿瘤较小。发病严重的树体从主干到各级支干上密布着大小不等的瘤体。瘤体大多数伴有流胶。多数的成熟瘤体寄生着梨大食心虫幼虫。瘤体严重破坏了枝干韧皮部，阻断了养分和水分的运输，使得瘤体着生点向上的枝条很快枯死，整棵树也逐渐死亡。枝瘤病在春秋季发病严重，在3～6月和8～10月这段时间传播速度快，病斑流胶情况严重。在夏季和冬季病瘤不再延伸增大，流胶症状也有所缓解，病瘤部位干枯木质化。

（2）防治方法：

1）加强果园肥水管理，使树体健壮，提高树体抗病、抗寒能力。及时防治叶斑病和大青叶蝉等病虫害，防止病菌从叶痕处或伤口处侵染。剪除病枝，予以集中烧毁。

2）萌芽前及时喷布5°Bé石硫合剂。在瘤体中的病菌传播以前，用刀割除瘤体，再涂抹72%的农用链霉素以及90%的新植霉素3000倍液。枝干上的小瘤体,可喷0.1%的农用链霉素+0.2%的乙蒜素和0.5%的高锰酸钾+0.25%的五氯硝基苯,治愈率分别可达58%和56%。

(十)病毒病

樱桃病毒病不但影响树体生长,影响产量、品质,也影响樱桃树的寿命。它们引发的明显症状有:节间缩短失绿黄化、叶脉白化、小叶、花叶、丛枝、小叶皱缩、卷叶、叶焦枯、枝干裂性溃疡、粗皮、小果等。

(1)樱桃锉叶病。该病是由感染多种病毒所致,症状是叶背面显著的过度生长,在侧脉之间和主脉附近出现隆状突起,叶片变形、狭长、折叠、扭曲。感病幼树生长弱,结果少,严重时树体死亡,感病树花粉带毒。

(2)大樱桃矮化病。引起大樱桃矮化的病毒主要是李矮化病毒。感病后嫁接成活率降低,病树严重矮化,花芽极多,但坐果率极低,有时叶片卷曲。

(3)大樱桃皱叶病。属类病毒病害,有遗传性。感病植株叶片形状不规则,往往过度伸长、变狭,叶缘深裂,叶脉排列不规则,叶片皱缩,常常有淡绿色与绿色相间的不均衡颜色,叶片薄、无光泽,叶脉凹陷,叶脉间有时过度生长。皱缩的叶片有时整个树冠都有,有时只在个别枝上出现。明显抑制树体生长,树冠发育不均衡。花畸形,产量明显下降。

(4)樱桃变异嵌合体。叶片局部出现浅绿色至黄色,症状分界清晰,为遗传性病害。将病芽嫁接在健康植株上可产生同样的症状。

这类病害的主要传播途径有:嫁接传播、害虫传播、花粉传播、田间管理操作传播。树体一旦感染病毒性病害,终生不得免除,只能根据发病特点、传播途径进行综合防治:①一经发现或经确认的病株实行严格隔离,病株量少或严重时应挖除。②繁育和种植无病毒苗木,这是防治病毒病最有效的方法。③加强田间管理,增施有机肥料,提高树体抗性,土壤消毒,减少或消灭土壤线虫,注意操作工具的消毒。④喷洒抗病毒类药物:目前主要用病毒A、病毒唑等药剂防治,有一定减轻症状的效果。

三、常见虫害及防治

(一)红颈天牛

(1)为害症状:红颈天牛是为害大樱桃的常见害虫,以幼虫蛀食树干和大枝。前期在皮层下纵横串食,后蛀入木质部,深达树干中心,虫道呈不规则形,在蛀孔外堆积有木屑状虫粪,易引起流胶,受害树体衰弱,严重时可造成大枝甚至整株死亡。

(2)形状特征:成虫体长 27～30mm,前胸背板为橘红色,其他部位漆黑色,有光泽;卵乳白色,呈米粒状;幼虫初为乳白色,近老熟时略带黄色;蛹为裸蛹,淡黄色。

(3)发生规律:2～3 年完成 1 代,以幼虫在蛀孔道内化蛹,6～7 月份羽化成虫,产卵于距地面 30cm 左右的树干上或大枝的树皮裂缝里,初孵化的幼虫只在皮下蛀食为害,当年冬以小幼虫在韧皮部越冬,第 2 年开春后开始蛀入木质部,木屑状的红褐色粪便从蛀孔处排出,再经过一次越冬,老熟幼虫于第 3 年春后化蛹。

(4)防治方法:

1)树干涂白:成虫发生前在树干上涂抹白涂剂,用于防治成虫产卵。

2)人工捕捉:在成虫发生期内中午捕捉成虫。

3)挖除幼虫:在 7～8 月份进行,此时发现有新鲜虫粪可用尖刀挖除蛀道内的幼虫。或用黑光灯诱杀成虫。

4)药剂防治:用毒签堵塞排粪孔,或用 80%的敌敌畏乳油 200 倍液浸泡棉球,堵塞虫孔,再用黄泥将排粪孔堵严,两头扎紧,扎口处将粗皮刮平,内放磷化铝片,用量为 $50g/m^2$。

(二)红蜘蛛

(1)为害症状:以成、若、幼螨刺吸芽、叶、果的汁液,叶受害初呈现许多失绿小斑点,渐扩大连片,严重时全叶苍白枯焦早落,常造成二次发芽开花,削弱树势,影响花芽形成及下年产量。

(2)形态特征:成螨:有冬夏之分,冬型体长 0.4～0.6mm,赭红色有光泽;夏体长 0.5～0.7mm,紫红或褐色,体背后半部两侧各有一大黑斑,足浅黄色,体卵圆形,前端稍宽且隆起,体背刚毛细长,26 根,横排成 6 行。雄体长 0.35～0.45mm,纺锤形,第 3 对足基部最宽,末端稍尖,第 1 对足较长,体浅黄绿色至浅橙黄色,体背两侧各具一黑绿色斑。卵:球形,浅黄白至橙黄色。幼螨:足 3 对,体圆形,黄白色,取食后卵圆形浅绿色,体背两侧出现深绿色长斑,若螨足 4 对,浅绿色至浅橙黄色,体背出现刚毛,两侧有深绿色斑纹,后期与成螨相似。

(3)发生规律:北方 1 年发生 5～13 代,均以受精雌螨在树体缝隙内及干基附近土缝隙内群集越冬。翌春日平均气温达9～10℃,花芽开绽之际出蛰在芽上为害,樱桃红蜘蛛出蛰比较集中,约80%的个体集中在10～20d内出蛰,初花至盛花期为产卵盛期,卵期7d左右,越冬雌螨产卵后陆续死亡。第1代幼螨和若螨发生比较整齐,为期约15d,6月中旬以后,随着气温的升高发育加快,夏季产卵期平均4～6d,幼螨及若螨期5～7d。第2代孵化盛期约在落花后1个月。此时各虫态同时出现,世代重叠,7～8月份,螨量达高峰期,为害也最为严重,往往使叶片焦枯,甚至提早落叶。樱桃红蜘蛛个体发育期经过卵、幼螨、若螨、后期螨和成螨5个阶段,共蜕皮3次,每次完成前需静伏1～2d,在静伏期间不食不动。

(4)防治方法:

1)刮除老皮。发芽前刮除老翘皮,集中烧毁,消灭越冬虫源。

2)药剂防治。发芽前喷布石硫合剂,出蛰期喷洒杀螨利2000倍液;卵期可喷螺螨酯防治;盛发期使用阿维菌素进行防治;或喷施10%的苯丁哒螨灵(1000倍液)+5.7%的甲维盐乳油(3000倍液)的混合液防治。

(三)舟形毛虫

(1)为害症状:以幼龄幼虫群集叶面啃食叶肉,残留叶脉和下表皮,害叶呈网状,幼虫稍大则把叶片啃食成缺刻,以致全叶被食仅留叶柄,常造成全树叶片被食光,不仅产量受损,而且易造成秋季开花,严重影响树势及下年产量。

(2)形态特征:雌成虫蛾体长30mm左右,翅展约50mm,雄蛾略小,全体黄白色,复眼黑色,触角褐色,前翅银白稍带黄色,近基部中央有1个椭圆形大斑,斑内有一棕褐色细线将大斑一分为二。前翅近外缘有6个并列椭圆形斑,各斑亦有一褐色细线,翅面有4条浅黄褐色的波状横纹,后翅淡黄色,近外缘有1条褐色斑带。卵:球形,直径约1mm,初产时淡绿色,近孵化时呈灰褐色,常几十粒整齐排列成块产于叶背。老熟幼虫:体长45～55mm,头黑色有光泽,虫体背面紫褐色,腹面紫红色,背面黑色,体侧有稍带黄色的纵线纹,各体节有淡黄色长毛丛。幼龄幼虫紫红色,静止时头尾两端翘起呈舟形故名。蛹:长23mm,暗红褐色,全体密布刻点,尾端有4～6个臀刺。

(3)发生规律。每年发生1代,以蛹在寄主根部附近约7cm深处土层越冬,翌年7月上旬至8月中旬羽化出成虫,7月中旬为羽化盛期。成虫昼伏夜出,具较强趋光性,交尾后1～3d产卵,卵多产在叶背面,每头雌蛾产卵1～3块,平均产卵300粒,最多者可达600粒以上,卵期7~8d。3龄以前的幼虫群集在叶背为害,早晚及夜间取食,群集静止的幼虫沿叶缘整齐排列,且头尾上翘,遇振动或惊扰则成群吐丝下垂,3龄以后逐渐分散成小群取食,白天多停息在叶柄上,老熟幼虫受惊扰后不再吐丝下垂。幼虫在4龄前食量较少,5龄剧增,9月份幼虫老熟后陆续沿树干爬下,入土化蛹越冬。

(4)防治方法:

1)捕杀幼虫:在幼虫为害期,可利用幼虫群栖习性捕杀幼虫。秋翻地和秋刨树盘,可以消灭部分越冬蛹。利用成虫趋光性,傍晚黑光灯诱杀或点火堆诱杀成虫。

2)喷药防治:害虫发生期喷布功夫菊酯2000倍液或20%的速灭杀丁1000倍液。

(四)金龟子类

金龟子类种类很多,主要有苹毛金龟子、铜绿金龟子、黑绒金龟子。主要为害花蕾、花器、嫩枝、幼芽,有的还为害根系。

(1)形态特征。

1)苹毛金龟子:成虫体长8~11mm,宽5mm。全身除鞘翅和小盾片无毛外,皆被黄白色细密绒毛,雄虫毛长而密。卵椭圆形,乳白色,表面光滑。幼虫老熟时长约15mm,头黄褐色,胸、腹部乳白色,体肥大,呈C形弯曲,体壁柔软。蛹褐色。

2)铜绿金龟子:成虫体长19mm,椭圆形,体背为铜绿色,有金属光泽。

3)黑绒金龟子:成虫体长约8mm,黑褐色,有光泽,密被短绒毛。鞘翅上有纵行隆起线。

(2)生活习性。

1)苹毛金龟子:每年发生1代。成虫在土壤蛹室中越冬。第2年4月上旬到5月下旬开始活动。以上午8~9时、下午2~3时取食最盛。成虫有假死性。5月下旬成虫产卵于土中。卵孵化后即开始取食植物根茎,秋季化蛹。成虫羽化后当年不出土,在蛹室内越冬。

2)铜绿金龟子:每年发生1代。以3龄幼虫在土中越冬,6月上中旬出现成虫。成虫在夜间活动,中午在枝梢上取食。成虫对黑光有趋性,并有假死性。成虫在大豆、花生等作物和茅草地中产卵,7月卵孵化为幼虫,10月幼虫入土越冬。

3)黑绒金龟子:每年发生1代。以成虫在土中越冬,4月开始出土,啃食幼芽、嫩叶和花蕾。成虫在傍晚和夜间生活,白天在土中。飞翔能力强。成虫有一定趋光性,也有假死性。6月成虫产卵于5~10mm的土中,10d后卵孵化为幼虫,啃食根系。8~9月老熟幼虫潜入土中越冬。

(3)防治方法:

1)利用成虫的假死性,早晚振树防治。

2)人工捕捉。在成虫盛发期,利用该虫有假死性的特点于白天或晚上在树冠下铺设塑料薄膜,猛摇树身,使虫子落下后便可集中杀死。

3)药剂喷洒。在成虫盛发期,可用10%的氯氰菊酯2000~2500倍液于傍晚喷在树冠上。

4)利用成虫的趋光性,用黑光灯或傍晚在果园点火诱杀成虫。

(五)介壳虫

1.桑白蚧

(1)形态特征:又称桑蚧壳虫、桑盾蚧,主要为害枝干、叶和果实。雄虫蚧壳鸭嘴状,灰白色,壳点黄色,背面有隆脊。雌虫蚧壳近圆形,白色或灰白色,背面有螺旋纹,隆起,壳点黄褐色,卵半透明,圆形,表面附白色蜡粉。

(2)生活习性:在我国北方果区,1年发生2代,以受精的雌虫在枝条上越冬,第2年树液流动后开始吸食汁液,5月上旬产卵于蚧壳下,每头产卵百余粒。产卵后雌虫干缩死亡。15d后,若虫孵化出来,数小时后即爬出分散到枝条、腋芽及叶柄处定居取食。足退化,不再爬动,5~7d后开始分泌蜡蚧层形成蚧壳。雌虫经3次蜕皮后,不经蛹期直接羽化为成虫。雄虫2次蜕变后化蛹羽化为成虫,雌雄交尾后,雄虫死亡,雌虫于7月中下旬产卵,10d后孵化为害,8月下旬至9月继续羽化,雌虫交尾后即进入越冬状态。

该虫主要以雌成虫和若虫成群聚集固定在枝条上吸食汁液,削弱树势,影响发芽,严重时枝条和全树干枯死亡。

(3)防治方法:

1)冬季或早春刮除树皮上的越冬虫体。

2)发芽前喷5°Bé的石硫合剂。

3)5月中下旬第1代若虫出壳期喷来福灵1500～2000倍液,溴氰菊酯1500～2000倍液,速蚧壳1500～2000倍液,扑杀蚧2500～4000倍液。

2.草履介壳虫

(1)形态特征:雄虫体长5mm,淡红色,翅1对。雌成虫为草鞋底状,长10～12mm,虫体被细毛和白色蜡粉。若虫体形与雌虫相似,暗紫色。卵椭圆形,褐色,外被白色棉状物。

(2)生活习性:每年发生1代,以卵或若虫在树干基部、杂草下、土石缝隙中越冬。第2年1月中旬孵化,3月上旬出土上树。若虫多在午前10点到午后2点爬到嫩枝和芽侧吸食汁液。经1次蜕皮后虫体开始增大并分泌灰白色蜡质粉,2次蜕皮后,雌雄若虫开始分化,雄若虫化蛹做茧,5月上中旬羽化为成虫,仍上树为害。雌雄交尾后,雄虫死去,雌虫受精后5月中下旬钻入土中产卵,产卵后即干缩死去,雌虫一次可产卵40～60粒。以卵越夏和越冬。草履介壳虫的主要天敌为黑缘红瓢虫等。

该虫的若虫和雌成虫以刺吸式口器插入嫩芽、嫩枝吸食汁液,主要为害樱桃的嫩枝、叶片,削弱树势,影响成花、坐果,降低产量。

(3)防治方法:

1)2月上旬用杀虫油剂,在树干上涂抹10～15cm宽。配方是废机油、废柴油各500g,加热后放入松香粉250g。

2)在若虫、成虫期喷80%的敌敌畏乳油1000倍液,扑杀蚧2500～4000倍液,速扑杀2000～4000倍液。

3)休眠期在树干周围土中挖出絮状卵囊。

4)保护天敌黑缘红瓢虫。

(六)果蝇

(1)形态特征:为害大樱桃的果蝇有3个种,分别是黑腹果蝇、铃木氏果蝇和海德氏果蝇,均属双翅目环裂亚目果蝇科。

樱桃果蝇主要为害樱桃果实,成虫将卵产在樱桃果皮下,卵孵化后,以幼虫蛀果为害,幼虫于果实着色到完全成熟期先在果实表层为害,然后向果心蛀食,随着幼虫的蛀食为害,果实逐渐软化、变褐、腐烂。受害初期的果实不易发觉,随着幼虫的取食,为害处发软,表皮水渍状,稍用力捏,便有汁液冒出,进而果肉变褐,此为幼虫取食后排出的虫粪。一般幼虫在果内5～6d便发育成老熟幼虫咬破果皮脱果,脱果孔1mm大小。一粒果实上往往有多头果蝇为害,幼虫脱果后表皮上留有多个虫眼。被果蝇蛆食后的果实很快变质腐烂。

(2)防治方法:适期采收是关键,综合防治是根本。

1)清除果园杂草,地面喷杀虫剂(灭蝇胺、潜克、辛硫磷以及菊酯类农药)。

2)熏杀成虫:着色始期用胺·氯菊酯烟剂熏杀成虫。

3)清除落地果和虫果:异地深埋或用敌百虫喷杀。

4)诱杀:果蝇诱捕器(剂)、糖醋液(将糖、醋、果酒、橙汁、水按1.5:1:1:1:10的比例配制而成)、酸樱桃。

5)中晚熟品种覆盖防虫网:使用0.98mm的防虫网可完全隔离。

6)化学防治:采前1～2d全树喷氯菊酯或啶虫脒。

7)采收后清园:对残留树上的果实喷高效农药或采摘。

(七)刺蛾

刺蛾俗称洋辣子。主要有黄刺蛾、青刺蛾和扁刺蛾等。以黄刺蛾为例介绍如下。

(1)形态特征:成虫体黄色,前翅内半部黄色,半部黄褐色,顶角处有一"人"字形斑斜伸向后缘,体长14～15mm。卵呈椭圆形,扁平,长径1mm左右,黄绿色。幼虫为黄绿色,体背有紫褐色哑铃形大斑,头小,胸足退化,极小,腹足完全消失,胴部除第1节外,各体节有4个横列的肉质枝刺,上生刺毛,体长25mm左右。蛹为椭圆形,黄褐色,体长约12mm。茧为卵圆形,似雀蛋,质地坚硬,表面光滑,灰白色,有3～5条褐色长短不一的斑纹。

(2)生活习性:1年发生1～2代,以老熟幼虫在枝条及枝杈处结茧越冬。樱桃展叶后幼虫开始化蛹,5月末或6月上旬成虫开始羽化,产卵于叶片背面。幼虫孵化后群集为害,长大后分散为害。6月下旬至8月上旬为幼虫为害期。

以幼虫取食叶肉,低龄幼虫在叶背啃食叶肉,残留上表皮或叶脉,被害叶呈网状,幼虫长大后,食量增加,叶片被咬成缺刻,严重时仅留叶柄。

(3)防治方法:结合修剪摘除枝条上的越冬虫茧,带出园外烧毁。幼虫发生期喷药防治,可喷20%的氰戊菊酯2000倍液,结合防治叶螨还可喷布20%的灭扫利乳油2000倍液。

四、缺素症防治

大樱桃在生长发育过程中,既需要常量元素,也需要微量元素。当树体缺乏某种元素时就表现出病症,不能正常生长发育;如及时给予补充,可大大缓解其症状,恢复正常生长。但各种元素之间,有时存在相助或拮抗作用,如氮、钙、镁间有相助作用,当1种元素增加会有利于其他2种元素的吸收。而磷、钾、镁之间则有拮抗作用,当土壤中磷过量时,如果不增施钾、镁,树体就会减少对钾、镁的吸收,而表现出缺钾、缺镁的症状。

(一)缺素症状

(1)氮(N)。大樱桃叶片的适宜氮含量为2.2%～3.4%。缺氮叶片淡绿,较老的叶片呈橙色或紫色,早期脱落。花芽少且质差,果少且小。解决方法:可单独追施氮肥或叶面喷0.3%的尿素溶液。

(2)磷(P)。大樱桃叶片的适宜磷含量为0.16%～0.40%。缺磷时植株生长缓慢、矮小、苍老,延迟树体萌芽开花,降低萌芽率,叶片边缘常出现半月形坏死斑。解决方法:追施磷肥。

(3)钾(K)。大樱桃叶片的适宜钾含量为1%～3%。缺钾叶片边缘枯焦,从新梢的下部逐渐扩展到上部,仲夏至夏末在老树的叶片上先发现枯焦。有时叶片呈青(铜)绿色,进而叶缘与主脉呈平行卷曲,褪绿,随后呈灼伤状或死亡。果小,着色不良,易裂果,味淡,不耐贮藏。解决方法:生长季喷施0.2%～0.3%的磷酸二氢钾,或土壤追施硫酸钾,或在秋季施基肥时掺混其他钾肥。

(4)硼(B)。大樱桃叶片的适宜硼含量为25～60μg/g。缺硼春季出现顶枯,枝梢顶部变短,叶窄小,锯齿不规则,虽然有花,但坐果率低,会造成果肉木栓化、畸形。根系停止生长。解决方法:喷施0.3%的硼砂或土壤施硼砂。

(5)锌(Zn)。大樱桃叶片的适宜锌含量为15～70μg/g。大樱桃缺锌时,新梢顶端叶片狭窄,枝条纤细,节间短,小叶丛生,呈莲座状,质地厚而脆,有时叶脉呈白色或灰白色。严重缺锌时,枝条枯死。解决方法:土壤追施或叶面喷0.2%～0.4%的硫酸锌。

(6)锰(Mn)。大樱桃叶片的适宜锰含量为20～200μ/g。缺锰叶片主脉间呈淡绿色或淡黄绿色,近主脉处仍为暗绿色。叶片变薄、脱落,形成秃枝或枯梢。解决方法:叶面喷施0.2%的硫酸锰。

(7)铁(Fe)。大樱桃叶片的适宜铁含量为 20～250μg/g。缺铁会影响叶绿素的形成,幼叶叶肉失绿,叶脉仍为绿色,新梢上部叶片先黄化,逐步向下发展,随叶片成熟,症状减轻。树体衰弱。解决方法:叶喷 0.3% 或土施硫酸亚铁。

(8)镁(Mg)。大樱桃叶片的适宜镁含量为 0.4%～0.9%。缺镁时,影响叶绿素的形成,呈现失绿症。严重时,新梢基部叶片叶脉间失绿并早期脱落。果实中固形物含量、柠檬酸含量和维生素 C 含量大为降低,影响产量和品质。解决方法:叶喷 0.2% 或土壤追施少量的硫酸镁。

(9)钙(Ca)。大樱桃叶片的适宜钙含量为 0.7%～3.0%。缺钙时顶端幼叶尖端卷曲呈钩状,几天后变成棕黄色的焦枯状,缺钙会影响根系发育,使根系表面增生疣状突起。缺钙的果实果肉硬度低,裂果加重,耐贮性差。解决方法:用钙制剂(Ca 2000 钙宝)、美林高效钙、乳酸钙、翠康钙宝等效果好。

(10)硫(S)。缺硫树体生长受阻,症状类似缺氮,叶片失绿或黄化,严重时产生枯梢,果实小而畸形,色淡,皮厚,汁少。空气中二氧化硫多时,会使树体中毒,叶片呈白色或褐色。施肥时常使用硫酸钾型的复合肥,土壤中一般不会缺硫。

(11)铜(Cn)。缺铜幼叶褪绿,并发生坏死斑点,叶子生长缓慢,畸形,叶尖枯死,常发生顶枯。缺铜时土施硫酸铜或叶面喷 0.3% 的硫酸铜溶液。

(12)钼(Mo)。缺钼时叶片脉间失绿,甚至变黄,易出现斑点,叶片瘦长畸形,甚至焦枯,出现黄色或橙黄色大小不一的斑点,叶缘向上卷曲呈杯状,叶肉脱落残缺或发育不全。缺钼时叶面喷 1.2% 的钼酸铵溶液。

当树体出现以上缺素症状时,要及时防治,叶面喷布,见效快,时间短,要每隔 15～20d 喷 1 次。土壤追施肥效长,效果较好。结合施肥,配施微肥。

(二)过量症状

(1)氮过量。叶大,浓绿,船底形上卷,节间长。植株旺盛,徒长,贪青晚熟,易倒伏,不抗风,不抗旱,不抗寒,病虫害严重。坐果率低,坐果畸形,色不美,口感差。防治:控氮,控水,使用调控素,配施钾、钙、镁、硼。

(2)磷过量。叶片小、厚、硬,变褐焦枯,植株矮小,长势缓慢,甚至停长。坐果率低,果小而硬。钙、镁、铁、锌、锰、铜极易被磷固定,尤其锌和铜立即被固定而缺素,是重茬障碍的主要原因。防治:控磷,配施钙、镁、铁、锌、锰、铜。

(3)钾过量。钾一般不过量,但钾太多会抑制钙、镁、硼的吸收,出现缺钙、缺镁、缺硼症状,不利于坐果和果实发育。防治:施钾肥不过量,配施钙、镁、硼。

(4)钙过量。钙一般不过量,钙能将土壤中的钠脱去,改良盐碱,施入大量钙只是暂时呈碱性。土壤中的钙可溶性低,而土壤中的镁可溶性高,所以多施钙也不会导致缺镁。

(5)镁过量。镁一般不过量,但镁太多会抑制钾、钙的吸收。

(6)硫过量。硫一般不过量,但水田硫过量根系发黑腐烂。防治:水田施用氯基复合肥。

(7)铁过量。铁过量缺铜,导致缺铜症状。高湿土壤在酸性条件下使三价铁变为二价铁而发生铁过量中毒,叶缘叶尖出现褐斑,叶色暗绿,根系灰黑,易烂。防治:施石灰。

(8)锌过量。幼嫩组织失绿变灰白,枝茎、叶柄和叶底面出现红褐色斑点。根系短而稀少。防治:施磷肥固定锌,施石灰呈碱性,固定锌。

(9)锰过量。锰过量会抑制钙、铁、钼的吸收,经常出现缺钼症状。叶片出现褐色斑点,叶缘白化或变紫,幼叶卷曲等。根系变褐,根尖损伤,新根少。防治:施石灰改良酸性土。

(10)铜过量。铜过量缺铁,导致缺铁症状。新叶失绿,老叶坏死,叶柄叶背呈紫红色。新根短而少,根系枯死。防治:施有机肥,施铁肥。

(11)硼过量。硼在土壤中浓度稍高就中毒,尤其是干旱土壤。硼过量缺钾,中毒的典型症状是"金边",即叶缘最容易积累硼而出现失绿而呈黄色,重者焦枯坏死。防治:大水漫灌,多施钾肥。

(12)钼过量。土壤和肥料中的钼极少,轻易不会过量,钼中毒症状不易呈现,多表现为失绿。牲畜食用含钼多的豆科饲料会发生钼中毒,注射铜制剂如甘氨酸铜可解除。

(13)氯过量。土壤中不缺氯,很多忌氯植物经常发生氯中毒。中毒症状是生长缓慢,植株矮小,叶小而黄,叶缘焦枯并向上卷筒,老叶死亡,根尖死亡,大多数果木类不耐氯。防治:修筑台田或条田,大水漫灌,施石膏。

五、黄叶现象及霜冻应对措施

(一)黄叶现象

(1)湿黄。由于土壤水分过多引起的,造成土壤缺氧,使根部呼吸困难,根系吸水、吸肥受阻,生长不能正常进行而导致幼苗新枝顶叶淡黄色,老叶也渐暗黄,进而枯萎死亡。此时,应及时松土、排水、控制灌溉量。

(2)旱黄。干旱会使幼苗出现萎蔫现象。此时的光合作用下降,生长停顿,光合产物的运输因缺水受阻,植物体内有机物大量水解,呼吸增强,从而消耗大量有机物。由于植物体内水分重新分配,新叶从老叶中夺取水分,造成老叶发黄脱落。可根据土壤干湿程度及叶片变化及时灌溉,浇水则浇透。

(3)暗黄。植物正常生长要求2倍于光补偿点以上的光照程度,此时植物光合作用制造的有机物除补偿呼吸消耗外,剩余的有机物才能满足正常的需要。如果光照不足,会导致植物细胞不能顺利分化,幼苗茎枝细弱,叶片黄化。预防措施为及时增加光照,温室植物可以进行人工补光,选择不同色的塑料薄膜来调解光质,以起到增加产量,改善品质或减少病虫害的作用。

(4)虫害。在樱桃苗木培育过程中常受害虫的侵害,尤其是各种食叶及刺吸口器的害虫,为害叶片或吸食叶片汁液,造成叶片皱缩、卷曲,使叶片出现斑点、变黄等现象。应注意观察,提早预防,针对虫害,适时适量对症喷药。

(5)病黄。樱桃育苗经常出现一些病害,如立枯病、锈病、叶斑枯病等,既影响苗木的成活率又使植株发育不良。因此要经常观察苗木叶片及长势,定期对苗床土壤进行药剂消毒处理,消灭土壤中的病原菌,对控制发病特别重要,一旦发现病害,要及时防治。

(6)素黄。樱桃苗木除对氮、磷、钾等大量元素不可缺少外,对某些微量元素也非常敏感,缺乏时会造成苗木生理机能的紊乱,导致苗木出现各种症状,同样表现在叶色上,如缺铁、锌、镁、硫、锰等,都会导致叶片失绿、变黄。造成微量元素缺乏症主要是长期不换土或长期单一施用氮素化肥的结果。因此,要隔年对苗床进行客土改良,注意施有机肥料。

(7)肥黄。肥料过多或过少都会对苗木产生不良影响,施肥过多、过浓时,会引起植物渗透运输作用受阻,出现新叶肥厚,叶片皱而不舒展,老叶渐黄而不脱落。肥料缺乏时,会引起枝细嫩、节间长、叶片薄而变黄。因此,合理施肥可以改变植物的光合作用。如氮、镁促进枝叶生长,扩大光合作用面积,增加叶绿素含量,提高光合速率。氮、钙、锌延长叶片寿命,进而延长光合作用。磷、钾、硼改善光合产物的运输和分配。另外,合理施肥,能改良土壤,为植物创造良好的生活环境。如施入有机肥料可以增加土壤的团粒结构,不仅改善土壤的水、气、温状况,促进了根系的生长和对肥料的吸收,还可促进土壤微生物的活动,加速有机物的分解,改善养分的供应状况。

(8)酸碱黄。苗床土壤的酸碱度能影响矿质的溶解度。在碱性土壤中,铁、钙、磷、镁、锌等易形成溶性的化合物,因而会降低植物对这些元素的吸收,造成黄叶病。土壤过酸时,铁、铝、锰等溶解过多,植物也会吸收过量而中毒。因此控制土壤的酸碱度是保证苗木正常生长的重要手段,对碱性过大的土壤可多施铵盐;对碱性过强的土壤可多施硝酸盐来调节土壤的pH值,使其适合于苗木生长。

(9)药黄。由于防病治虫,喷施药剂不当或浓度过大而造成苗木发生药害,使叶片发黄而脱落。因此,在使用农药的同时,一定要严格按照说明,按一定的比例喷施,一旦出现药害,应尽快用清水冲洗,以降低药性。

(10)寒黄。春季播种,由于气温低,虽然在0℃以上,但低于苗木正常生长的下限温度时,使植物细胞中的原生质黏性加大,细胞渗透作用下降,导致呼吸速率降低,吸收水、矿物质元素减慢,便出现嫩枝幼芽发黄萎蔫。此时,应注意防寒。

(二)霜冻

预防霜冻,是确保樱桃丰产的一项重要措施。春季从萌芽到开花期的霜冻害,能使花芽受冻死亡或冻伤雌蕊,造成只开花而不结果。

1.霜冻的种类和表现

春季霜冻害,主要是寒流到来引起的霜冻(呈平流霜冻)。来时温度下降,再遇到晴天无风的晚上,地面大量散热,温度进一步下降,因而造成霜冻。这种霜冻从萌芽到开花期都能发生,其范围影响广,危害严重。其次是没有寒流影响,只是晴天无风,夜晚地面上散热,温度下降引起的霜冻(称辐射霜冻)。这种霜冻多半出现在开花期,以低洼地上的树受害较多。

从萌芽到开花期,当温度升高后突然下降到-1~5℃时,都可能使花芽或花受害。越接近开花期,樱桃的抗霜冻能力越弱,由于这段时间可能发生不同种类的霜冻,又常常不止是一次为害,所以预防霜冻害应根据春季的气候条件多次进行,才能有好的效果。

2.品种、地势和管理条件与霜冻害的关系

(1)品种。大樱桃品种不同,抗冻程度差异大。调查大樱桃受冻程度自重到轻依次为:意大利早红→芝罘红→雷尼→那翁→大紫→红灯。

(2)地势。一般山地阳坡上的树生长活动开始得早,受霜较重;山地的阴坡受害较轻。但也由于平流霜冻引起冻害,受北风侵袭严重的北坡,反而比南坡受害严重。同一山坡上,上部的树萌芽较晚,下部的树萌芽开花较早,山上部较山下部受害较轻。在通常情况下,通风不良的低洼沟谷地上,大樱桃萌芽开花早,受害也较重。

(3)管理条件。肥水管理好,病虫防治严密,树势健壮的树受冻较轻;生长势旺的树,开花较晚,受冻较衰老的树轻。

(4)树体的垂直受害差异。大樱桃树冠下部重,上部轻。树冠中下部的结果大枝,背上的花、果受冻重,背下的受冻轻。

3.预防霜冻害的措施

(1)选择霜冻害较轻的园地栽培樱桃。应选择晚霜不易发生的山坡中部或开阔的地方建园,避免在冷空气易沉积的低洼地建园。如果在有霜冻危险的地方建园,应尽量选北坡或西北坡以及春季气温回升慢的地方,以便延迟开花,避过霜冻期。

(2)按地势条件合理配置抗霜冻能力不同的品种。如在霜冻危害较大的地区,将抗霜冻的品种栽植在霜冻较重的山下或山脚平地,将其他不抗霜冻的品种栽植在山的中上部,依靠延迟萌芽、开花期来预防霜冻害。

(3)加强肥水管理。注意施肥,使树体健旺;重视秋冬或早春灌水,以延迟萌芽、开花期,减轻霜冻害。

(4)防治危害叶子和造成早期落叶的病虫害,以保持树势健旺,提高抗霜冻能力。

(5)开花前后,根据天气预报,在霜冻前一天全园灌水或在霜冻前1～2h喷水,靠水分凝结散热,提高果园小气候的温度,也有一定效果。

(6)花期霜冻温度一般在-1～2℃。因此通过熏烟提高温度,也可减轻冻害。

最常用的烟熏方法,是在园中点燃烟堆,烟堆最好多些,有风时设在迎风的一面。无风时在四周、中间均匀布置。为了节省材料和劳力,点燃时间最好从温度接近0℃时开始,一直继续到太阳出来后为止。另外,也有点草把串园子的办法,效果不及点烟堆好。

喷防冻剂：PBO、碧护、481、天达2116、冬涂氨基酸原液＋金力士4000倍液。

4.霜冻后的补救措施

(1)对受冻的大樱桃树,喷施1～2次(间隔5～7d)200倍蔗糖(或600倍欧甘)＋600～800倍天达2116＋30～40mg/L赤霉素＋杀菌剂(60％的百泰1200倍液等),以迅速补充营养,修复伤害,提高坐果率,促进幼果发育,减少病菌感染。

(2)在萌芽前后,在冻害来临前每667m^2用碧护6～9g,兑水100～150kg,加磷酸二氢钾(0.3％～0.5％)、壳寡糖类进行叶面喷施可预防霜冻,霜冻后及时用上述配方喷补,间隔5～7d再喷1次,可缓解冻害。

(3)待冻伤的花、果、枝、叶恢复稳定后,及时进行复剪。将冻伤严重不能自愈的枝叶和残果剪掉,将影响光照的密挤枝、徒长枝疏枝,旺梢摘心。以改善光照,节约养分,促进果实发育。

(4)对霜害严重、坐果少、长势旺的园片或单株,喷布果实促控剂,控制旺长,稳定树势。

(5)冻后追施适量优质专用肥或速效肥,促进树体及早恢复。

(6)适当晚疏果,留好果,提高果品质量档次,弥补霜冻损失。

六、投入品使用注意事项

农业种植过程中的投入品是指在农产品生产过程中使用或添加的物质,对投入品的科学管理是种植业安全生产最基本的要求,也是最容易操作、最有效的措施。

(一)遵守国家有关农药安全使用规则

严禁在水果等农产品作物上违规使用高毒和高残留农药,不可在出口农产品上使用产品销售目的地国禁用的化学农药。不允许使用明令禁止使用的农药,在特定作物上限制使用的农药不得使用。现行的农药安全使用的准则有《农药合理使用准则》[GB/T 8321(所有部分)]及《农药安全使用规范 总则》(NY/T 1276)。

(二)遵循农药安全间隔期

农药的安全间隔期,是指最后一次施药至收获农作物前的时期,即自喷药到残留量降至允许残留量所需的时间。在农业生产中,最后一次喷药与收获之间的时间必须大于安全间隔期,不允许在安全间隔期内收获作物。

(三)合理用药

根据病害、害虫活动规律以及药剂类型选择不同的施药方法和施药时间。在有效的浓度范围内,且能发挥农药药效的情况下,可以适当降低农药的浓度进行防治。合理轮换和混合农药能有效提高农药的防治效果。

(四)安全防护

在配制农药时,必须选用专用工具,要综合考虑防治对象、防治场所、作物种类和生产情况、农药类型、防治方法、防治规模等因素,选择合适的喷药器械。在农药的贮运、配制、施药、清洗过程中,要穿戴必要的防护用具,尽量避免皮肤与农药接触。田间施药前,要检查药械是否完好,以免施药过程中跑、冒、滴、漏。施药人员操作过程中要严禁进食、喝水或抽烟。施药时人要站在上风头,实行作物隔行施药操作。施药后要及时更换工作服,及时清洗手、脸等暴露部分的皮肤,更换下来的衣服以及药械等。

(五)农药用量注意事项

应准确量取所需的农药用量,尽量减少剩余药液;剩余的药液和施药器械的清洗液应集中安全处理,不能随意泼洒;施过农药的地块要设立警示标志;每次施药应记录天气情况、作物种类、用药时间、药剂品种、防治对象、用药量及兑水量等信息。废弃、过期农药不能随意丢弃,应使用专业的处理方式进行处理。

第八章 采后质量控制

大樱桃采后分级处理在智利、美国等发达国家已走在前列,无论在生产规模还是在产品质量上都达到了相当高的水平。我国大樱桃早熟品种占比过大,晚熟品种比例较小,特别是耐贮运的晚熟品种占比较小,品种搭配不合理,造成供应期失调。大樱桃采后全程质量控制,要求从采收、分级、包装和贮运到销售一系列环节,应保证果品不被有毒有害物污染。提高大樱桃采后标准化处理水平,可有效提高大樱桃产后附加值。

一、大樱桃品种与耐贮运性

大樱桃果实的耐贮运性品种间差别很大,一般来说,硬肉、高糖、大果的樱桃具有较好的商品性和耐贮运性,目前国外种植的多数主栽品种都属于硬肉品种,如早熟品种黑珍珠、布鲁克斯、桑提娜等,中熟品种美早、滨库、紫红珍珠、雷尼等,晚熟品种科迪亚、拉宾斯、斯科纳、雷洁娜等。农艺措施对樱桃的品质和耐贮运性影响很大,要做好通风透光、合理负载和水肥管理,采前做好防止裂果和病虫害尤其是果蝇的防治,特别是注意在果实生长后期要控制好氮肥的使用量,增加钙素营养,正确使用生长调节剂,保证生产的樱桃果实品质好、耐贮运、商品性状优良。

二、采收

(一)采收成熟度的确定

大樱桃采收后没有后熟过程,应尽可能地充分成熟时采收,获得最佳风味和品质。随着采后时间的延长,品质逐渐下降,采后处理和贮运就是为果实提供一个最好的环境条件,减缓质量的下降。

采收成熟度一般根据果实成熟情况、市场客户要求、物流运输距离、果实用途和采后处理方式条件等综合确定。过早采收时樱桃果实小、颜色浅、糖度低、酸度大、风味淡、品质差。采收过晚时果肉变软,易产生机械伤害,不耐采后处理,易腐烂,易失水皱缩,果柄易失水变褐。因此,确定适宜采收成熟度适时采收十分重要。成熟度一般根据果实大小、色泽、可溶性固形物含量、口感等指标,科学判断品种的成熟期。

1. 果实大小

果个大小可从单果重和果实的纵横径2个方面来衡量。从着色开始,果个迅速膨大,这一时期,果个的生长量为前一阶段的2倍以上。而且,大樱桃果实从开始成熟到完全成熟,果个大小还能增大35%。

2. 果实色泽

深色(红色或紫色品种)樱桃果实的颜色深浅,与口感风味和可溶性固形物含量有显著的正相关,可以用来快速直观地判定樱桃的成熟度,当果面已全面着红色,即表明进入成熟期;浅色(红晕或黄色)品种,一般要求底色褪绿变黄、阳面开始有红晕,红色占果面的1/3~2/3时采收。

法国果蔬研究中心(CTIFL)最早研制了樱桃成熟色卡,使用色卡比较和判定樱桃成熟度,之后各国也都仿制制作了类似的色卡,在生产上普遍应用。法国的樱桃成熟度色卡颜色从浅红到黑红共分7级。樱桃每个品种都有自己适宜的采收成熟度的颜色,产地不同、气候不同会有差别,但一般差别不会太大,使用色卡判定樱桃成熟度还是比较稳定可靠的。果实的颜色越浓,成熟度越高,伴随着果皮颜色的转变,逐渐有光泽。

3. 果实风味

樱桃的风味品质与果实的可溶性固形物含量呈极显著相关,因此采收时要达到一定的可溶性固形物含量,才能具备樱桃应有的口感品质。超市里进口樱桃优质的含量可达到20%~25%,而国产樱桃平均只有14%,主要原因是成熟度不够,可溶性固形物含量平均一般应达到18%以上。

4. 果实发育期

一般早熟品种果实发育期为35~40d,中熟品种40~55d,晚熟品种55~

65d。樱桃果实发育的最后2周,即果实从开始成熟到充分成熟,果实重量能增加30%。在此期间,果实风味品质变化很大,可溶性固形物含量大幅度提高。樱桃果实颜色每增加一个色卡值,可溶性固形物含量可增加2%~3%,果实单果重可增加5%。

(二)采收标准

适时采收是根据果实品种和用途的不同,确定适宜的采收时期,采收过早,干物质含量与糖度低,风味淡且影响贮运性能;过熟时采收会增加风险,果实变软,果柄褐变,果实腐烂。

生产上一般根据相应品种的果实颜色,结合口感品尝、测定可溶性固形物含量和天气温度情况,判定成熟度和确定采收日期。当地市场鲜销的樱桃,应在樱桃成熟度较高或完全成熟时采收。采后应尽可能在最短的时间内销售完。需贮藏或长途运输销售的樱桃应选择耐贮运品种,一般应选择晚熟或中晚熟的品种,在果实外观和内在品质达到要求且果实硬度较高时采收,避免采收过早或采收过晚。

(三)采收方法

人工采摘时要轻采轻放,手握果柄,用食指顶住果柄基部,轻轻掀起即可采下。采收时果实上必须带果柄,不带果柄的果实易腐烂。在采摘过程中,要尽量避免折断果枝,特别是不要折断花束状结果枝和短果枝,以免影响翌年产量。

(四)采收环节的技术要求

采收前应做好相关准备工作,包括人员安排、采收容器的准备和消毒、搭建遮阴篷、预冷分级设备调试、消毒剂的购置、冷库设备检修和库房消毒、冷库提前降温等。樱桃果实成熟期不一致,采收时应分期分批进行。

(1)控制好果实温度。采收要在一天当中气温较低的时间进行,一般安排在凌晨至上午10时以前气温较低的时段,因为研究发现果温较低时采收的果实,果肉硬度较高,而且在之后的贮运中,果实也会保持比较高的果肉硬度。大棚樱桃的采收也应遵循同样的要求,采收时的大棚(果实)温度应尽可能地低一些。雨天采收会增加腐烂菌对果实的侵染,所以采收一般要选择晴天或阴天进行,避开雨天。

(2)控制蒸腾失水。果实采摘后应集中放在田间搭建的凉棚遮阴处或树荫下,避免日晒。在田间等待运往包装场及在运输途中,要求使用湿的棉布、海绵、反光膜或其他防晒、隔热、保湿材料等进行覆盖,这样可以防止果实温度上升,在果实周围保持较高的相对湿度,减少果实特别是果柄的失水失重,防止果柄褐变,减轻贮运期间发生的果实凹陷。在田间地头放置时间过长,或长时间在阳光下曝晒的大樱桃,会导致大樱桃果实变软、果实硬度下降、果柄褐变及失水萎蔫。调查发现,在日光直晒下,表层樱桃果实温度在10min内就会升高5℃,周转箱里的果实温度会在2h内升高到30～35℃,而在阴凉处的果实温度则只有20℃左右,与果园的气温接近。有覆盖的樱桃果柄含水量要比没有覆盖的高8%～10%。所以在田间短时放置和运输途中,遮阴和覆盖十分重要。

(3)避免产生机械伤。采收时要避免果实产生碰压磨挤刺伤等机械性伤害。采摘时用手捏住果柄,轻轻往上掰动,而不要向下撸拽。注意应连同果柄采摘,并注意不要伤及果柄,保持果柄的完整和色泽。采摘工人要把手上的戒指脱掉及修剪指甲等,以免采摘时伤及樱桃果实。

(4)采摘容器。容器不要过大过深,容器内要衬垫柔性材料,从采摘容器倾倒樱桃果实到大箱时,要放低距离轻轻倒出,避免樱桃发生机械损伤。樱桃采收后要尽量减少倒箱次数,有条件时可准备足够的采摘桶,采摘后把采摘桶固定在大的周转箱中运输,特别是对于碰压磨伤后容易发生和表现出褐变的浅色(红晕和黄色)品种,应当采用这种方式。采收后应尽快进行预冷入库,这样有利于提高樱桃的贮藏质量。

三、采后预冷技术

大樱桃采收时,正值高温季节,果实温度较高,呼吸旺盛,如不及时迅速降温,将会加速果实衰老,降低果实品质,造成果实腐烂,缩短贮藏期和货架期。预冷是将采收后的樱桃果实温度,尽快地冷却到贮藏温度的操作过程。一般要求采后2～4h内进行预冷处理。预冷可以抑制果实的呼吸作用,降低蒸腾失水,减少有机物质的消耗,减缓果实衰老和失水,提高果实的硬度,延长大樱桃贮运期,减少分级操作中产生的机械伤害。预冷是樱桃冷链流通的第一个关键环节。预冷及时与否关系到樱桃采后能否保证鲜度和品质。

(一)预冷环节的技术

大樱桃采收后应立刻进行预冷,分级包装处理前,要求果温降至7～10℃,在此温度下樱桃果实比较不易发生机械伤。分级包装后,预冷要求果温尽可能降至贮藏要求温度(0℃)。

(二)预冷方法

大樱桃销售贮运前预冷一般采用田间预冷、风冷法和水冷法。

1.田间预冷法

田间预冷就是避免日晒,放在通风阴凉处进行。

2.风冷法

风冷法又可分为冷库内自然静置降温和强制通风预冷(或称差压预冷)。

(1)冷库内自然静置降温,是将采收后的果实放入冷藏库内或具备制冷能力的预冷库中,依靠库温和果温的温差和库内气流将果温降下来。这种方法果实降温速度较慢,预冷时间较长,一般需要12~24h。冷库内自然静置降温预冷,可将预冷与贮藏结合起来,减少设施投资,使用时要注意根据冷库的制冷能力,控制每天入库的果实数量,并要注意在库内的堆垛方式,使其留有足够的空气通道,不要使用隔热的泡沫箱,以利于樱桃果实的散热,也可在樱桃上覆盖湿纱布等材料,以减少果实和果柄的失重。

(2)强制通风预冷(差压预冷)是使用专用预冷设备,或在预冷库中建造强制通风预冷设施,或使用移动式预冷风机,形成压力差,以负压形式强制冷风通过待预冷的果实。强制风冷预冷一般使用低于贮藏的温度(专用设施)或冷藏温度(冷库内移动预冷设备),强制通风预冷一般需要2~6h,一般用于樱桃包装后的二次预冷降温。风冷时的预冷温度不能过低,以免引起冷害。

3.水冷法

预冷温度2~5℃。水冷时,可用干净水预冷,果实冷却后沥去水分。水质应达到《生活饮用水卫生标准》(GB 5749)的要求,保证大樱桃的卫生质量安全。采收处理使用的清洁剂应符合相关产品标准要求,需是食品允许使用的产品,农场应有供水和排水设施,并符合相关规定。

四、大樱桃贮运保鲜与分级包装

(一)大樱桃贮运保鲜

(1)贮藏。大樱桃贮藏过程中经常会受到各种环境因素的影响,进而影响农产品的质量安全。一般晚熟樱桃品种商品货架期长,耐贮运,选择新型优异的保鲜技术对大樱桃进行贮藏,例如气调保鲜技术、生物保鲜技术、减压贮藏技术等。根据大樱桃的不同特性,制定相应的保鲜和贮存方法。大樱桃贮存的仓库应定期进行清空、清扫、冲洗和消毒;在保鲜、贮存中使用的保鲜剂、防腐剂等化学试剂必须符合国家有关强制的技术规范,严禁使用有毒、有害的化学制剂充当保鲜剂和防腐剂。

(2)运输。在运输过程中,应根据大樱桃品种特性,采用不同的运输方式,确保产品在运输过程中能够保持原有的品质。运输车辆和运载工具需要及时清洁,保证卫生,防止因为工具引起农产品的污染。在运输过程中所使用的保鲜剂、防腐剂等化学试剂必须符合国家有关强制的技术规范。

(二)大樱桃分级与包装

1. 分级

大樱桃分级处理过程中,人员、设备和工器具应符合樱桃产品卫生要求,避免污染产品,确保产品安全、质量和品质,大樱桃等级规格参照《甜樱桃》(GB/T 26906)标准要求。

2. 包装

(1)包装要求。包装材料应根据水果的类型、形状、特性及预冷、冷藏、运输、销售的需求进行选择,可参考《新鲜水果包装标识 通则》(NY/T 1778)。大樱桃属于不耐压的水果,包装时应在包装容器内加支撑物或衬垫物,各种包装填充物应符合《食品安全国家标准 食品接触材料及制品通用安全要求》(GB 4806.1)的要求。外包装容器应具备足够的机械强度,保护水果在装卸、运输和码放过程中免受损伤。外包装容器应有防潮性及应具有清洁、无污染、无异味、无有毒化学物质、内壁光滑、美观、重量轻、成本低等特点。同时也应满足《限制商品过度包装要求 生鲜食用农产品》(GB 43284)的要求。

(2)标识要求。每一包装上应加贴食用农产品承诺达标合格证标识,且标签上的字迹应当清晰、完整、准确。包装贮运标识应符合《包装储运图示标志》(GB/T 191)的规定。

(3)质量管理要求。应建立完善的质量安全管理体系和关键质量控制点,在采后预冷冷链运输过程中消除影响质量安全的因素。应设立质量安全管理部门并配备相应的管理人员,大樱桃果实安全要求应符合 GB 2763、GB 2762、GB 2761、GB 2760 的要求。

第九章 大樱桃设施栽培

大樱桃是北方落叶果树中经济效益最高的树种之一,近年来,随着环境气候变化,大樱桃成熟季节多雨季节频发,成熟前降雨过多会使樱桃果实表面或角质层吸水造成裂果,一直是影响其果实品质和经济效益的重要因素。个别品种严重年份裂果率高达80%以上,果实开裂后腐烂变质、失去商品价值,给生产者带来巨大经济损失,无法满足市场需求,严重制约大樱桃产业发展。避雨设施可作为预防裂果技术,有效减轻大樱桃裂果的发生。

一、大樱桃避雨设施

避雨栽培是介于大棚和露地之间的特殊设施栽培形式,薄膜覆盖在树冠上部隔离冷空气下沉,可避免"倒春寒"和冰雹等极端气候对花期的影响,保证其正常开花结果;减少生长发育关键时期受雨水的影响,克服多雨条件下露地樱桃裂果率高、品质差等不利因素,同时阻断病害诱因,降低病害发生率,提高着果率及果品商品性;还可隔断雨水,防止雨季树盘内积水,提高土壤透气性。透过塑料薄膜的不同光谱透射率、散色特性改变了棚内小气候条件(空气和土壤温度、相对湿度)、光合作用有效辐照、叶片湿度等,还改变了甜樱桃树体的物候期和生理特性,并对树体生长、繁殖性能、果实品质、病虫害发生率等产生很大影响,对早春霜冻害、冰雹、鸟害等灾害具有较好的预防效果。

(一)设施类型

根据不同的气候条件、立地条件、栽植模式,遵循经济实用、牢固安全、不影响田间作业等原则,选择设施类型:按照用材有以水泥柱和竹片为架材的简易设施,以镀锌钢管为架材的轻型设施;按照结构特征有单行设施、多行连栋式设施。简易设施经济实惠,轻型设施更坚固安全;针对不同地区、不同品种可选用不同的栽培模式,行距相对较宽的果园适宜于单行结构,行距较小的果园更适宜于连栋式结构。

(二)避雨设施选择

1. 单行式避雨防霜设施

(1)结构特征。每行树建一个避雨棚,可以钢管、圆木、水泥柱作骨架,钢绞线作棚架衬托,钢丝作连接线,聚乙烯篷布(透光率约为80%)作覆盖物。一般在开花前覆盖聚乙烯篷布,果实成熟后揭开,既可起到防霜的效果,又能有效解决大樱桃裂果问题。结构牢固、造价低廉,适用于平地、较大面积的果园。

(2)建造要点。棚的高度依树高而定,在行向上每隔10m左右设1根立柱,立柱顶端高出树体0.6~1.0m,顶端用1根钢绞线顺行向将立柱连接,地下埋深50~60cm,行向两端的立柱用地锚固定,在距立柱顶端1.1m左右横向焊接1.8m左右的钢管(以行距4m为例),两端顺行向拉钢丝,连接处用"U"形螺丝固定;立柱顶端钢绞线与两侧钢丝形成三角形或弧形棚架。聚乙烯篷布中间及两边均有挂扣,直接挂在钢绞线和钢丝上。为提高果实品质和产量,单栋半拱式和连栋式避雨棚建议在半拱的两侧安装手动或电动卷膜放风器,中午温度高时可以随时卷膜通风降温。

2. 双行式避雨防霜设施

(1)结构特征。每2行树搭建一个防雨棚,可用钢管作骨架、钢绞线作棚架衬托、防雨绸作覆盖物、钢丝作托线和压线。晴天时可将防雨绸收紧,绑在立柱上,雨天将防雨绸拉开。结构牢固,操作灵活,平地、山地果园均可采用,适用于面积较小的果园。

(2)建造要点。棚的高度依树高而定,棚顶离树冠顶部0.8~1m。行间每隔15~20m设1根中间立柱,地下埋深50~60cm;中间立柱两边隔4m左右各立1根立柱,高度较中间立柱低1~1.2m,形成一定坡度;3根立柱用钢管斜梁焊接成三角形架;中间立柱拉2根钢绞线,相隔15~20cm,两边立柱各拉1根钢绞线;斜梁上、下每隔30cm各焊一排螺丝帽,串上钢丝作为防雨绸的托绳和压绳,托绳和压绳相隔排列,覆盖上防雨绸,防雨绸两边的安全扣挂在钢绞线上,可自由拉动。

3. 连栋式轻型避雨防霜设施

每个单元设两排立柱,底部以预埋件固定,立柱高度3m,两排立柱间距

8m,两排立柱以垂直平衡拉杆和弧形拱管相连,拱管最高处与平衡拉杆之间垂直高度1.6m,设吊杆相连;顺行向立柱间距4m,拱管间距1m,拱管间通过顶部1根中梁、两侧各1根肩管和各1根副梁相连接。于拱管顶部及肩管之上安装卡膜槽用以安装防鸟网。卷膜器可以选择手动或电动。

每单元设施跨度、高度可以依行距、树高的不同适当调整;单元之间共用1排立柱;雨水从单元之间的缝隙流入田间排水沟内排出果园。可以集避雨、防霜、防鸟、遮阴等功能于一体。

(三)生产管控措施

(1)根据春季天气覆棚膜,覆膜后透射光的减少会影响传粉等昆虫的活动,此外,覆盖环境中的空气温度超过24℃时,传粉昆虫的活动也减少了70%,开花和着果期间的高温对甜樱桃花柱头接受性和胚珠寿命有负面影响,高温和高湿结合会降低避雨棚内甜樱桃的着果率,并导致产量降低。关注天气变化,"倒春寒"发生前及时覆膜,或者直接铺遮阳网落地。春季无异常天气,可在果实转色前上膜,避免了花期上膜对授粉的影响,增加了光照时间,同时也避免了露地浇水的工作负担。

(2)薄膜覆盖下透射光的减少导致光照强度明显降低,会影响光合作用,故在避雨设施中,应该采取适当措施调节营养生长和生殖生长之间的竞争,减少弱光对果实生长发育的不利影响。在相对弱光条件下,需要通过科学管理使树体健壮生长、稳定结果和提高品质。合理夏剪和冬剪,改良棚内通风条件,避免因透光性不好引起枝条生长过旺,影响花芽分化,叶片生长旺盛,应及时修剪和疏除无用枝、过密枝、病虫害枝等,以改善树体内的光照条件。调整树体与避雨栽培方式相适应,选择合适负载量指标,保持最佳的叶果比。建议使用新的、厚度小及透光率相对较高的塑料薄膜,同时果实成熟期地面铺设反光膜,通过反射光来增加棚内光照。避雨棚内安装喷灌系统,果实生育期可随水进行追肥,满足扣膜期间水肥供应。避雨棚外建议安装杀虫灯和防虫防鸟网等附属设施,棚内挂黄蓝粘虫板、诱芯等物理杀虫装置,满足樱桃避雨栽培病虫害绿色防控功能。

二、大樱桃设施栽培

(一)设施栽培棚体建造类型

1.春暖式塑料大棚

四周无墙体,于早春在支架上面覆盖塑料薄膜的栽培设施,称为春暖式塑料大棚。此大棚的方向以南北向延长为宜,光照均匀。跨度为8～12m,长度30～80m,棚中高2.5～3m,肩高1.2～1.5m。此种类型塑料大棚果实成熟比露地早10～15d。

2. 薄膜温室

薄膜温室的主要特征是以塑料薄膜为透明保温覆盖,根据人工加温与否分为加温薄膜温室和不加温薄膜温室2种。不加温薄膜温室的唯一热源是太阳能,故又称日光温室;加温温室的热源除太阳能外,还进行人工补充加温。薄膜温室分为一斜一立式、拱圆式和三折式3种。

目前生产上主要采用一斜一立式,建筑方位为东西延长,长度60～100m,一般脊高(矢高)3～3.5m,建造大棚时,要特别注意大棚高度,不能让棚面紧靠树冠,至少要留50cm空间。跨度7～8m,后墙高1.8～2.5m,厚度0.5m,用砖砌成空心墙,内填稻壳等保温材料,墙外堆土,后坡长约1.5m,上面覆盖无滴塑料薄膜和棉被。日光薄膜温室果实成熟比露地早30～40d,加温日光薄膜温室果实成熟比露地早50～60d。

3. 日光温室机械制冷促早熟栽培设备

目前我国东北、山东和陕西省有关单位进行日光温室及早熟栽培已获得成功。在日光温室无滴薄膜上用双层保温被覆盖,制冷机械主机选用烟台市水轮集团生产的10AV10K氨制冷压缩机,在温室安装枣庄恒丰公司生产的DJ260不锈钢冷暖风机,同时在室外中部位置设置大连生产的供热400m^2热风炉。

每年8月20日扣棚降温,扣棚后采用机械制冷、关闭通风口和3层覆盖方法降温。扣棚后15d为低温过渡期,按阶梯式变幅降温模式,每天降2～3℃,逐渐接近休眠温度7.2℃,满足品种需冷量后,再喷1次1%的单氰胺水溶液破眠。开始逐步升温,升温后温度控制同普通温室栽培。果实于元月下旬至2月初上市。

(二)大樱桃设施栽培的关键技术

大樱桃设施栽培上市早、效益高,同时可以克服露地栽培难以解决的花期低温冻害问题,近年来发展很快。目前生产上主要存在着打破休眠技术,授粉问题和产量不稳定等难点。需要在生产中注意几个关键技术问题:

1. 品种及砧木选择

保护地栽培的大樱桃其主要目的是促早熟栽培,使果实提早成熟,早上市。

因此应选择需冷量低,自然休眠期短的早熟品种为主。在早熟品种中选择自花结实能力强、花粉量大的品种,同时,应对其中丰产性状、早实品质、抗逆性状、色泽及果个大小等进行综合比对。

设施栽培因其空间、高度有限,树冠不能过大,所使用的砧木要具备矮化或半矮化性状。同时还应具备根系发达、抗性强,能促使品种提早结果等特点。

2. 温室覆膜时间

大樱桃在正常落叶后进入休眠,休眠期比桃、李时间长,只有经过一定低温阶段后才能解除休眠进入萌芽期,大樱桃树 0～7.3℃ 的需冷时间为 733～1344h,据报道,高于 7.2℃ 对冷化单位积累贡献减少,低于 0℃ 时对冷化单位积累无效。品种不同,所需要的低温时间不同,如达不到需冷量就升温,发芽不整齐,有的花芽迟迟不发芽,甚至死亡脱落,而且花期特别长,樱桃开始成熟了还有开花的。由于上述原因,坐果率很低,减产甚重。应根据不同品种对低温需求量的差异来确定升温时间。为了创造大樱桃休眠的低温,当温度达到 7.2℃ 以下时,扣棚,晚上揭帘开窗通风,白天盖帘闭窗。如能安装制冷与加温设备,可提早强制休眠、提早升温、提早成熟。

3. 温室内小气候的调控

设施栽培的环境条件要尽量满足大樱桃的生长特点,而棚内的环境条件与露地不一样,它不仅受自然条件的限制,也受人为因素的影响。其中温度、湿度、光照等的调节直接关系着樱桃树体的生存环境,这些条件是相辅相成、相互制约的统一体,忽视任何方面都会引起一系列的连锁反应。

(1)温度调控:气温管理是温室樱桃栽培成败的关键,要严格控制。①从升温到开花要缓慢升温,要分段进行。第 1 周为不加温期,白天控制在 6～11℃,夜间调至 0～2℃,保证不结冰;第 2 周白天 12～15℃,夜间 2～4℃,以后每过 2～3d 升高 1℃;第 3 周白天在 16～18℃,夜间 5～7℃,花前白天 18～20℃,夜间保持在 6～7℃。②花期白天在 18℃ 左右,最高不超过 20℃,夜间 7～9℃,最低温度保持 6℃ 以上。③落花后白天温度 20～22℃,夜间 7～8℃。④果实膨大期白天温度 20～22℃,夜间 10～12℃。⑤果实着色至采收期白天在 22～25℃,夜间 12～15℃,保持昼夜 10℃ 的温差,有利于果实着色和提高品质。

控温措施:遇到天气短期降温时,在晚上加盖棉被、张挂保温被、生火炉、挂红外点灯等措施进行增温。当树体发芽后气温高时,可放草帘或盖遮阳网进行降温,当温度达到最适气温后,就要开始逐步放风,渐增通风量。在上午扒起棚膜底部,并扒开上、中缝或打开天窗进行通风降温,下午重新放下薄膜压严保温。

(2)土壤温度:覆膜1周内,棚内气温升高很快,地温则升高缓慢。为保证地下部和地上部平衡。一是起垄栽培,垄高40cm,有利于提高地温;二是覆膜的同时进行地膜覆盖使地温较快提高,或地下埋设地热线,尽快达到5~6℃以上,促使根系提前活动。否则地温低,气温高,造成先发芽后开花,由于对营养成分的竞争,坐果少,严重影响产量。大樱桃根系浅,对水分和空气敏感,因此浇水后为了增加土壤透气性,一定要及时松土,然后在树冠下覆盖比较细软的杂草、秸秆(厚度10cm左右),上面覆膜,避免薄膜紧贴地面,从而增加膜下空气含量,保证根系生长对氧气的需要和CO_2的排放,同时也利于地温的提升。

覆膜时,提倡冠下覆膜,行间无膜,一般行间留70~80cm左右空白处,使全园覆盖面积达80%左右,这样可为根系生长创造一个理想的水气交换通道,有利于枝、叶、果的健康生长。

挖防寒沟:在大棚四周挖宽30~40cm,深40~50cm的沟,沟内填满杂草或作物秸秆、马粪等,能酿热增温,促进根系生长。

(3)湿度调控:室内水分来自地面蒸发和树体的蒸腾作用。高湿光照不足会引起徒长,易发病,因此,湿度和温度管理同等重要(表9-1)。

表9-1 樱桃棚内湿度管理指标

生育期	相对湿度/%	备 注
覆膜—发芽期	80	不宜过低,否则发芽开花不整齐
开花期	40~50	湿度过大或过小均不利于授粉受精
果实膨大期	60	湿度太大会降低透光率,不利于着色,易裂果
果实着色期	50	

湿度低时,对土壤灌水或对枝条喷水,为枝条补充水分。湿度大时,通过通风换气,地面覆膜减少水分蒸发,以滴灌代替大水漫灌,或在棚内放置生石灰、碱石棉等吸水降湿。

(4)空气成分调控:①增加二氧化碳浓度。二氧化碳作为植物光合作用的原料,对果树生长发育和产量构成有重要意义。通过使用燃烧法、二氧化碳发生法,增加有机肥料或通风换气,提高棚内二氧化碳浓度。②排除有毒气体。氨气、一氧化碳、亚硝酸气体、二氧化硫、乙烯和氯等对果树生长发育有极大的毒害,应施用腐熟的有机肥,减少氮肥施用,不在棚内使用火炉加温等措施,控制棚内有害气体的产生,并通风换气排除有害气体。

(5)光照控制:温度是生产的保证,光照则是增收的必要条件。太阳光是热量的来源,也是植物光合作用必不可少的能源。光照强弱直接影响樱桃生长发育、果品产量和质量。温室增加光照可以采用以下措施:①挂反光幕。在幼果期,利用聚酯镀铝板作反光幕,挂在温室墙上能增加光照25％左右。也可将后墙刷白,增加后部反射光。②铺反光膜。果实膨大期,把聚酯镀铝板铺在树冠下面,能显著提高树冠中下部叶片的光合作用,从而提高产量和收益。③在不影响保温的条件下,草苫要尽可能地早揭晚盖,以延长光照时间(表9-2)。④清洁棚面。揭苫后,每2~3d清扫薄膜1次。⑤降低棚内空气湿度。选用无滴、多功能塑料薄膜。⑥补光。当日辐射总量下降到100 W/(h·m^2)时,多采用日光灯、白炽灯和农用高压汞灯等。一般灯距树顶部叶片60cm为宜。每天以43.2W/(h·m^2)补光18h,效果很好。

表9-2　1d内温室草苫揭盖时间

室外条件(早晨最低温)	揭苫时间	盖苫时间
－10℃以下	日出后0.5~1.5h	日落前0.5h
－5℃±3℃	太阳照满屋面	太阳光线近离开屋顶
0℃±2℃	太阳出来	太阳刚落下
5℃±3℃	太阳出来前0.5h	太阳落后1h
10℃以上	昼夜打开	停盖
正在下雪	揭开	不盖
阴天	揭开	早盖

4.施肥

设施栽培樱桃的年生长期比露天长3个月,营养消耗比露天多,特别是大樱桃花芽分化具有分化时间早、速度快的特点,施肥上适当增加施肥量和施肥次数。9~10月每667m^{2}施腐熟的土杂肥4000~5000kg,或生物有机肥900~1000kg,并加入适当的中微量元素。花前7~10d追施1次三元复合肥。谢花后10d左右开始每隔10~15d喷1次叶面肥,直到采收后及时补充以磷钾为主的复合肥,以保证花芽分化所需营养。视树体大小一般施2~3kg/株为宜,提倡少量多次。

5. 灌水

大樱桃对水分很敏感,不抗旱、不耐涝,大棚灌水应掌握"少浇勤浇,量少多次,土地湿润,空气干燥"的原则。一般不采取大水漫灌的方法,可采取沟灌、穴灌等局部浇水方法,最好设置滴灌,既可控制水量满足树体生长需求,又能保持棚内适宜湿度。一般在扣棚前15~20d浇1次水;花前10d,谢花后10~15d,花芽苞片脱落后,果实膨大期和采果前10~15d浇水。使20~40cm深的土壤保持最大持水量的60%~80%,硬核期缺水往往造成大量落果,硬核后不提倡灌水,否则延迟成熟,增加裂果。提倡晴天上午地温和水温接近时浇水,以免大幅度降低地温。杜绝阴雨天浇水和大水漫灌,以免土壤湿度过大或积水过多,时间过长引起烂根、流胶、死树。

6. 整形修剪

保护地栽培的大樱桃,株行距较小,且棚内光照条件差,目前棚内多采用纺锤形、改良主干形和自然开心形,具体选用的树形应根据设施条件、栽培密度、砧木类型等因素而定。同一棚内可同时选2种树形,棚中部以纺锤形和改良主干形为宜,南边一行和两个边选用自然开心形。

大樱桃树剪口易流胶,顶端优势明显,枝条木质松软,修剪时间性强。因此,必须因地因树制宜,综合运用短截、甩、放、拉枝、刻芽、扭梢、摘心等方法,培养成低干矮冠、骨干枝级次少、结果枝多而且分布合理、主枝角度大、树冠开张、风光通达的丰产树形。要抓住樱桃花后10~15d与采收后10d左右的新梢生长旺长期,调整枝量,培育树形。

7. 搞好花果管理

(1)疏花疏果:花芽膨大期,疏瘠弱、过密、畸形花蕾,一个花束状短果枝上留2~3个花蕾。开花时疏去晚花、弱花、畸形花、混合枝基部花,花后3周疏密生果、畸形果、小果,留水平朝上的果实,一般1个花束状短果枝留3~5个果。

(2)加强授粉措施:设施栽培樱桃由于通风差、湿度高、温度变化剧烈,造成比露地授粉难度大,严重影响产量,可采取以下措施:①花前锻炼。在花前10d左右每逢晴天中午在不影响温度管理的前提下揭膜放风,使花蕾尽量多地接受直射光的照射,增加花器官对自然条件的适应力和花器官的发育质量。②合理搭配授粉树。大樱桃自花结实品种很少,应选2个以上与主栽品种花期相近,需冷量基本一致,品质、产量较高、花粉量大、亲和力强的授粉品种,比例要达到30%左右,也可采取带花枝高接的方法,达到当年嫁接当年开花,当年授粉当年丰产(开花前采用劈接、切接和切腹接)。③花期授粉。花期人工放蜂(蜜蜂、壁蜂)配合人工授粉来提高坐果率。④提高坐果率的辅助措施。花期给树体喷布0.3%的尿素+0.2%~0.3%的硼砂+600倍液磷酸二氢钾2次,或花盛期前后喷布30~50mg/L的赤霉素液有助于授粉受精,提高坐果率。

8. 采收后及时去膜

采收后去膜应先通风锻炼不少于15d,当外界夜间气温不低于11℃时不覆盖,白天不低于15℃时选阴天或多云天气逐渐撤膜,先去掉大棚四周薄膜,隔5~7d后再分2~3次分期分批揭去棚顶膜,使树体逐渐适应由棚内到棚外的环境变化。

9. 采果后综合管理

(1)地下追肥和叶面喷肥,株施腐熟优质肥50kg,或氮磷钾复合肥1~1.5kg,叶面喷磷酸二氢钾及微肥。

(2)修剪疏除过密、过强、光杆、扰乱枝形的多年生大枝,同时进行摘心、拉枝改善树冠内外透光条件,促进花芽分化。

(3)喷药防病治虫,保护叶片,提高叶功能和光合积累。

附 录

附录A 大樱桃周年管理年历

时间及物候期	管理技术要点及其主要目的
11月下旬至 第2年2月底 休眠期	1. 树干及主枝涂白,防冻害及杀死在枝干上的越冬病虫; 2. 清扫落叶烧毁,消灭落叶上的越冬病虫; 3. 浇封冻水,以利于樱桃安全越冬; 4. 浅刨果园,消灭土壤表层越冬害虫; 5. 熬制石硫合剂(2月上旬)
3月上中旬 萌芽期	1. 萌芽前进行冬季修剪(芽顶变绿时),剪除的病虫枝及时带出果园烧毁; 2. 结果树追施1次复合肥,施肥后浇1遍萌芽水,地表干时浅锄; 3. 喷3°~5°Bé石硫合剂,防治多种病虫害; 4. 有根癌的病树,扒开根茎晾晒,并灌30倍根癌灵(K_{84})1~3kg或根癌清(400倍)
3月下旬 开花前	1. 做好花前复剪工作,调节花芽分布; 2. 萌芽后,及时抹除锯口芽、竞争芽、过密芽,节约养分; 3. 搞好防霜和花期授粉准备工作; 4. 发现红颈天牛和元吉丁虫为害时,向虫道注射敌敌畏或塞毒签消灭幼虫
3月底至 4月上旬 花期	1. 注意天气预报,可采用果园浇水推迟花期;堆草熏烟防霜冻; 2. 花前喷0.3%的磷酸二氢钾,盛花期喷0.3%的尿素+0.3%的硼砂,可提高坐果率; 3. 花期果园放蜂(蜜蜂或壁蜂),或用鸡毛掸子在不同品种上扫花,每天扫2~3次,扫2~3d,可提高坐果率; 4. 4~7月份注意防治金龟子

附表（续）

时间及物候期	管理技术要点及其主要目的
4月中旬至5月上旬 果实生长期	1. 幼树当新梢长至15～20cm时,可摘心至10cm,促发短枝形成花; 2. 背上新梢长至15cm左右时,当其半木质化时,进行扭梢,促进花芽分化; 3. 果实生长期防旱、防过湿,要小水、勤水,并及时中耕松土; 4. 坐果较多时可少量施用速效化肥,促进果实生长; 5. 果实开始着色期,树下铺反光膜,树上摘叶,促进果实着色
5月上中旬至6月初 果实成熟期	1. 调节土壤含水量适中,防止干湿变化剧烈,防止裂果; 2. 继续做好摘心、扭梢等夏剪工作; 3. 适时采收,精心分级、包装,丰产丰收
6月上中旬 花芽分化期	1. 采收后及时补肥,以复合肥为主,同时叶面喷磷酸二氢钾; 2. 搞好以开张主枝基角为主的夏剪工作,促成养分积累,继续做好整形摘心工作; 3. 根据土壤墒情决定浇水量,适时中耕松土; 4. 防治叶部穿孔病; 5. 此期是天牛、介壳虫、蛾类等害虫多发的季节,注意防治
6月下旬至8月上旬 新梢生长期	1. 对幼旺树做好夏剪工作,缓和生长,促进养分积累; 2. 雨季搞好排水,雨后及时中耕松土,防止根系上浮; 3. 7月下旬至8月下旬喷2～3次波尔多液或12%的绿铜乳油或可杀得2000倍液,防治叶部病害; 4. 防治虫害,用杀虫灯、诱虫剂诱杀
9～10月 新梢缓慢生长期	1. 8～9月拉枝开角; 2. 防治早期落叶病,防治大青叶蝉危虫害; 3. 9～10月深翻扩穴施有机肥为主加少量速效肥,施肥后浇透水; 4. 对果园进行浅刨,深度20cm左右,以利于蓄水保墒
11月 养分回流期	1. 叶面喷5%的尿素或0.3%～0.5%的磷酸二氢钾保护叶片,增强叶片功能; 2. 做好树干涂白准备工作; 3. 总结全年工作,做好翌年的生产计划工作

注:以上管理技术要点仅供参考,可根据各地物候,提前或推后。

附录B 我国樱桃中农药和污染物最大残留限量

单位:mg/kg

项 目	限 量	项 目	限 量
2,4-滴和2,4-滴钠盐	0.05	阿维菌素	0.07
胺苯吡菌酮	3*	胺苯磺隆(禁用)	0.01
巴毒磷	0.02*	百草枯(禁用)	0.01*
百菌清	0.5	保棉磷	2
倍硫磷	2	苯丁锡	10
苯菌酮	2*	苯醚甲环唑	0.2
苯嘧磺草胺	0.01*	苯线磷(禁用)	0.02
吡虫啉	0.5	吡氟禾草灵和精吡氟禾草灵	0.01
吡噻菌胺	4*	吡唑醚菌酯	3
吡唑萘菌胺	0.4*	丙炔氟草胺	0.02
丙森锌	0.2	丙酯杀螨醇	0.02*
草铵膦	0.15	草甘膦	0.1
草枯醚	0.01*	草芽畏	0.01*
代森铵	2	代森联	0.2
代森锰锌	0.2	代森锌	0.2
敌百虫	0.2	敌草快	0.02
敌敌畏	0.2	地虫硫磷(禁用)	0.01
丁硫克百威(禁用)	0.01	啶虫脒	2
啶酰菌胺	3	毒虫畏	0.01
毒菌酚	0.01*	对硫磷(禁用)	0.01
多果定	3*	多菌灵	0.5
多曲古霉素	0.2*	二嗪磷	1
二氰蒽醌	2*	二溴磷	0.01*
粉唑醇	0.8	伏杀硫磷	2
氟苯虫酰胺	2*	氟吡甲禾灵和高效氟吡甲禾灵	0.02*
氟吡菌酰胺	0.7*	氟虫腈(禁用)	0.02
氟除草醚	0.01*	氟啶虫胺腈	1.5*

附表(续)

项 目	限 量	项 目	限 量
氟啶虫酰胺	0.9	氟菌唑	4*
氟酰脲	7	氟唑菌酰胺	3*
福美双	0.2	福美锌	0.2
咯菌腈	5	格螨酯	0.01*
庚烯磷	0.01*	环螨酯	0.01*
环酰菌胺	7*	甲胺磷(禁用)	0.05
甲拌磷(禁用)	0.01	甲磺隆(禁用)	0.01
甲基对硫磷(禁用)	0.02	甲基硫环磷(禁用)	0.03*
甲基异柳磷(禁用)	0.01*	甲氰菊酯	5
甲氧虫酰肼	2	甲氧滴滴涕	0.01
腈苯唑	1	腈菌唑	3
久效磷(禁用)	0.03	抗蚜威	0.5
克百威(禁用)	0.02	克菌丹	25
喹螨醚	2	喹氧灵	0.4
乐果(禁用)	0.01	乐杀螨	0.05*
联苯肼酯	2	联苯三唑醇	1
磷胺(禁用)	0.05	硫丹(禁用)	0.05
硫环磷(禁用)	0.03	硫线磷(禁用)	0.02
螺虫乙酯	2*	螺螨酯	2
氯苯甲醚	0.01	氯苯嘧啶醇	1
氯氟氰菊酯和高效氯氟氰菊酯	0.3	氯磺隆(禁用)	0.01
氯菊酯	2	氯氰菊酯和高效氯氰菊酯	2
氯酞酸	0.01*	氯酞酸甲酯	0.01
氯唑磷(禁用)	0.01	马拉硫磷	6
茅草枯	0.01*	嘧菌环胺	2
嘧菌酯	2	嘧霉胺	4
灭草环	0.05*	灭多威(禁用)	0.2
灭螨醌	0.01	灭线磷(禁用)	0.02
内吸磷(禁用)	0.02	嗪氨灵	2*
氰戊菊酯和S-氰戊菊酯	0.2		

附表(续)

项 目	限 量	项 目	限 量
噻草酮	0.09*	噻虫胺	0.2
噻虫啉	0.5	噻虫嗪	1
噻螨酮	0.3	噻嗪酮	2
三氟硝草醚	0.01*	三氯杀螨醇(禁用)	0.01
杀草强	0.05	杀虫脒(禁用)	0.01
杀虫畏	0.01	杀螟硫磷	0.5
杀扑磷(禁用)	0.05	双甲脒	0.5
水胺硫磷(禁用)	0.05	四螨嗪	0.5
速灭磷	0.01	特丁硫磷(禁用)	0.01*
特乐酚	0.01*	涕灭威(禁用)	0.02
肟菌酯	3	戊硝酚	0.01*
戊唑醇	4	烯虫炔酯	0.01*
烯虫乙酯	0.01*	消螨酚	0.01*
辛硫磷	0.05	溴甲烷(禁用)	0.02*
溴氰虫酰胺	6*	溴氰菊酯	0.05
氧乐果(禁用)	0.02	乙基多杀菌素	0.09*
乙烯利	10	乙酰甲胺磷(禁用)	0.02
乙酯杀螨醇	0.01	异菌脲	10
抑草蓬	0.05*	茚草酮	0.01*
茚虫威	1	蝇毒磷(禁用)	0.05
治螟磷(禁用)	0.01	唑螨酯	2
艾氏剂(禁用)	0.05	滴滴涕(禁用)	0.05
狄氏剂(禁用)	0.02	毒杀芬(禁用)	0.05*
六六六(禁用)	0.05	氯丹	0.02
灭蚁灵	0.01	七氯	0.01
异狄氏剂	0.05	哒螨灵	2
单氰胺	0.1	氯虫苯甲酰胺	1
铅(以 Pb 计)	0.1	镉(以 Cd 计)	0.05
锡(以 Sn 计)	250		

* 该限量为临时限量。

附录C 樱桃上登记使用的农药清单

樱桃上登记使用的农药清单

农药类别	防治对象	农药通用名
杀菌剂	叶斑病	苯醚甲环唑
	灰霉病	咯菌腈
	褐腐病	氟菌·肟菌酯
	褐斑病	氨基寡糖素、代森锰锌、硫黄
杀虫剂	红蜘蛛	哒螨灵、螺螨酯
杀螨剂	红蜘蛛	螺螨酯、哒螨灵
植物生长调节剂	—	噻苯隆、苄氨基嘌呤、对氯苯氧乙酸钠、单氰胺、萘乙酸

附录 D1　全程控(CAQS-GAP)质量管理体系质量手册

文件编号：XX/GAP-A-××××

良好农业规范
质量管理手册
第 A 版

编　　制：_____

审　　核：_____

批　　准：_____

×××××专业合作社

20××年××月××日发布　　　　20××年××月××日实施

0.1 颁布令

颁 布 令

本良好农业规范质量管理手册是依据GB/T 20014标准制定的,它阐述了合作社作为生产经营者组织的质量方针、质量目标并对种植基地的质量管理体系提出了具体的要求,本手册适用于合作社基地(农场)樱桃种植生产经营的全过程的控制管理,是合作社良好农业规范的纲领性文件。

本手册是合作社基地樱桃种植质量管理的基本法规,是质量管理体系运行的准则,也是合作社对所有顾客的承诺,经审核批准,现予以发布,望全体员工和生产经营者认真遵照执行。

理事长:×××

20××年××月××日

0.2 手册的管理

0.2.1 《良好农业规范质量管理手册》应在封面加盖"受控"标识,无受控章的文件视为无效文件。

0.2.3 《良好农业规范质量管理手册》由各职能部门主管质量的负责人起草与编制,合作社理事长批准后发布。

0.2.4 《良好农业规范质量管理手册》的发放控制:

①《良好农业规范质量管理手册》的发放对象为:理事长、副理事长及与质量有关的各部门;

②《良好农业规范质量管理手册》按照理事长批准的范围发放,由供应部统一编号,发放时要建账登记。持有者负责接收与保管,不得丢失、出借、转让、复制。

0.2.5 《良好农业规范质量管理手册》内容的更改应有审批手续,更改采取换页办法,并在修改控制页上登记;

0.2.6 下列情况之一时,须对良好农业规范质量管理手册换版:

①编写手册所依据的标准、法规已修改;

②合作社内部机构作出重大调整和质量职能分配变动;

③一次性更改过多影响使用。

0.2.7 良好农业规范质量管理手册各章节的更改换页,现行版本号修改码为"A/0",以后修改依次为"A/1,A/2……A/n,版次顺序为 A,B,C……

0.3 质量方针和目标

质量方针:

不断健全完善农场樱桃种植规范管理体系,全面实施标准化生产,确保出口产品的安全卫生质量;

牢固树立以人为本的管理思想,农场管理工厂化,注重以改良土壤、优化环境、规范操作和提高品质为理念,以追求良好规范控制下的优良樱桃品质。

质量目标:

(1)控制点符合率达 98% 以上。

(2)产品农药残留检测合格率达 100%。

(3)与农场/农场业主合同履约率达 100%。

1.0 范围

1.1 本手册是依据 GB/T 20014 标准的要求制订的。

1.2 本手册阐明了合作社农场管理的质量方针、质量目标,对质量管理体系的各项要求做出阐述和规定。

1.3 本良好农业规范质量管理手册适用于合作社与农场/农场业主实现良好农业规范的全过程。

2.0 引用标准

本良好农业规范质量管理手册引用标准:

GB/T 20014.1—2005　术语

GB/T 20014.2—2013　农场基础控制点与符合性规范

GB/T 20014.3—2013　作物基础控制点与符合性规范

GB/T 20014.5—2013　水果和蔬菜控制点与符合性规范

3.0 术语和定义

本手册全部采用 GB/T 20014—2005 中的术语和定义。

4.0 质量管理体系总要求

合作社农场/农场业主按照 GB/T 20014 标准的要求与合作社实际情况,制定了质量管理体系文件并加以实施和保持,以实现持续改进。

合作社农场/农场业主按照 GB/T 20014 标准的要求,对过程进行管理,确保质量管理体系的有效实施,并实现农场/农场业主的质量方针和质量目标。

对过程实施管理的方法是:

①识别质量管理体系所需要的过程,本质量管理具体体系过程包括:管理活动、资源提供和改进的全过程;

②确定过程顺序和接口关系;

③确定有效控制过程所需的准则和方法;

④明确所需的资源和信息;

⑤对过程进行监视、测量和分析;

⑥采取必要改进措施,确保过程结果并实现改进;

⑦合作社没有外包的过程。

4.1 管理和组织结构

4.1.1 合法

合作社农场/农场业主有合同证明是一个合法的实体。

4.1.2 组织机构

合作社农场/农场业主组织机构形成文件,并规定了组织的相互关系。(组织机构图 见附件)

4.1.3 合同

①农场/农场业主名称;

②联系地址;

③农场具体位置;

④遵守良好农业规范规定要求的承诺;

⑤同意遵守组织的文件化程序、方针、规定和技术性要求;

⑥罚则。

4.1.4 备案注册

所有的农场/农场业主、所有使用模块的场所均应注册。注册的内容包括下列信息:

①农场/农场业主及模块场所的名称;

②联系地址;

③各农场及其场所具体位置;

④认证的产品(种源/亚种)及其生长/生产的场所;

⑤每一种认证的产品的生产面积;

⑥内部审核日期;

⑦良好农业操作规范运行的现行状况。

4.2 组织和管理

4.2.1 结构

合作社应有自己的管理机构和充分适宜的培训资源,从而使注册的农场能有效确保满足良好农业规范的要求。农场业主的组织机构以书面文件予以规定,且应包含以下内容:

①内部检查为合作社技术部人员;

②农业技术人员为合作社技术部技术专员；

③质量管理体系的管理人员为合作社检测室人员。

4.2.2 职责和义务

所有涉及质量管理体系人员的职责和义务应加以规定并形成文件，并且应指定一名经验丰富、资历深厚的副理事长全面负责该体系。职责如下：

4.2.2.1 理事长

1）负责合作社全盘工作，包括良好农业规范管理体系所需方针目标的制订，确定组织机构并进行职能分配，为体系运行配备资源。

2）对良好农业规范管理体系的适宜性和有效性主持评价。

3）负责因管理体系运行缺陷所带来后果。

4）负责良好农业规范质量管理体系的建立、实施和保持。

5）确保在整个组织内遵从良好农业规范和提高樱桃质量重要性的意识。

6）负责与良好农业规范质量管理体系有关事宜的外部联络。

4.2.2.2 副理事长

1）协助理事长对本合作社基地实施全面管理。

2）根据产品订单组织制订基地发展计划，确保基地原料供应。

3）组织对基地的考察选择，确定合作社基地。

4）组织对合作社基地进行登记备案。

5）委派管理基地技术专员，加强基地大田管理，确保基地樱桃安全生长。

6）负责审批产品的原料采购计划及供方评定。

7）负责制订完善基地管理制度，组织实施基地管理体系，确保合作社产品原料质量。

8）组织在收获前对基地原料进行农残检测，确定收购范围。

9）负责基地原料的采购管理，确保基地原料的收购加工。

10）负责办理合同变更和供方违反合同事宜的处理，组织不合格品的复验、退货、索赔工作。

11）向最高管理者报告质量管理体系的业绩和任何改进的需求。

4.2.2.3 检测室

1）负责对基地采购的物资进行检验或验证，确保基地物资的有效成分和安全性。

2)负责对基地农残监控的抽样检测。

3)负责组织对检测有关人员的培训,确保检测质量。

4)负责按照检验流程对基地收获3~5d前原料、进厂原料、半成品、成品的农残检测。

5)负责组织对各类检测结果的数据分析,及时汇总上报。

6)负责组织对基地原料质量事故的调查、分析。

7)及时根据加工需求调整基地农残检测程序。

8)组织相关基地的化验、测试等工作,反馈基地的相关信息。

4.2.2.4 供应部

1)负责基地的全面管理,与农场/农场业主签订合同,并实施合同的管理。

2)组织良好农业规范的具体实施。

3)负责基地选择、标识和地界管理,协助农场/农场业主改善环境。

4)负责组织控制点的内部检查,并组织做出评价结论。

5)对本合作社原料的供应实行全面管理。

6)负责按车间原料申请单制订进货计划。

7)组织对基地原料在收获前3-5d抽样检测农残,确定收购基地。

8)负责组织产品外购原料的采购供应。

9)负责组织对采购原料的标识工作,确保不同基地原料的区别,保证追溯系统的顺利进行。

10)负责办理不合格原料的退货工作。

11)负责制订原料收购管理办法,监督收购人员执行。

4.2.2.5 技术专员

1)做好基地考察记录,负责对基地土壤、水质进行采样。

2)协议制订基地种植计划,包括种植作物、种植日期、预计收获期等,做好基地原料产量的估算。

3)根据基地调查情况、作物生长特点及病虫害发生规律提前制定农残监控计划。

4)负责基地指导日常田间管理,做好田间管理记录。

5)负责基地的日常巡查监管管理,做好基地病虫害的预防预报,并根据病虫害实际情况开具用药处方,做好所有农药种类、数量的采购计划,填写采购计划表。

6)负责基地农药的配制工作,严格配比浓度、允许使用剂量,确保安全间隔期使用,并填写农药使用记录。

7)负责基地剩余农药回收工作,对剩余农药重新入库保管,对农药空瓶回收确认。

8)监督基地农残监控计划执行情况,并结合实际情况进行有效调整。

9)负责基地原料的产量估算和监督基地原料收获,确保原料来自基地。

4.2.2.6 生产部(农场/农场业主)

1)负责按合作社要求组织好农场的种植和管理,做好规定的农事活动的记录。

2)认真执行良好农业规范,履行合同的约定条款,确保樱桃质量。

3)主动配合合作社的内部检查,对发现的不符合积极采取纠正措施。

4)对违反相关约束条款的行为负责并承担相应的经济处罚。

4.3 人员的能力和培训

4.3.1 农场业主应确保对相关负责的人员得到充分培训且满足规定的能力要求。

4.3.2 主要人员的能力、培训、资历应在文件中加以规定,且应满足在本规则中规定的能力要求。

4.3.3 主要人员资历即培训记录应作为证明材料予以保存。

4.3.4 内部检查员应有一个培训和评价的过程。

4.3.5 制订文件控制程序,确保人员及时了解良好农业规范的版本更新和法律法规的变更情况。

4.4 质量手册

4.4.1 与良好农业规范相关的操作和质量管理体系应形成文件,并包含在质量手册中。

4.4.2 方针和程序应充分表明农场业主对良好农业规范的要求得到控制。

4.4.3 注册成员及其主要员工应确保能够获得相关方针和程序。

4.4.4 定期评审质量手册内容,以确保持续符合良好农业规范、本规则和合作社的要求。

4.5 文件控制

4.5.1 质量管理体系文件

应充分控制所有质量体系程序文件,包括:

①质量手册;

②程序文件;

③作业指导书;

④记录表格;

⑤外来文件,如良好农业规范综合农业保证相关技术规范。

4.5.2 质量管理体系文件控制要求

4.5.2.1 建立文件控制程序,并形成文件。

4.5.2.2 所有文件在发布及分发前应经理事长的同意和审批。

4.5.2.3 所有受控文件应用分发号、发行日期/审批日期及编码的形式予以识别和控制。

4.5.2.4 文件的任何更改应在分发前得到授权人的审批。如有可能,文件更改的原因及性质应被识别。

4.5.2.5 确保各部门得到现行有效版本的受控文件。

4.5.2.6 应在文件控制程序中对文件的审查、新文件的发行和作废文件的销毁做出规定。

4.6 记录

4.6.1 农场业主应保持记录以证实对质量管理体系的有效控制并满足良好农业规范相关技术规范的要求。

4.6.2 质量管理体系的记录应至少保持2年。

4.6.3 记录应真实、清晰,存放在适当的场所且易于检索。

4.6.4 记录在检查期间应保持有效且具有可追溯性。

4.7 抱怨的处理

4.7.1 合作社应建立和保持有效处理客户抱怨的程序。

4.7.2 应建立并保持形成文件的程序,对抱怨的接受、登记、确认、调查、跟踪、反馈做出规定。

4.7.3 应在客户要求时间向其提供抱怨的处理程序。

4.7.4 抱怨处理程序应涵盖对合作社的抱怨,并适用于对农场业主和农场的抱怨。

4.8 内部审核/检查

建立并保持内部审核/检查程序,以评价质量管理体系的适宜性、符合性并按良好农业规范相关技术规范对合作社或农场/农场业主实施检查。

4.8.1 质量管理体系的审核

4.8.1.1 每12个月至少进行1次质量管理体系审核。

4.8.1.2 内部检查员应经过适当的培训,且独立于被审核的部门、区域。

4.8.1.3 内部审核计划、审核发现、纠正措施及其跟踪验证记录均应保持且易于查找。

4.8.2 农场/农场业主检查

4.8.2.1 每一个注册农场/农场业主每12个月至少进行1次针对良好农业规范综合相关技术规范的检查,该检查包括申请等级内(该等级及其以下)的全部控制点。

4.8.2.2 应对检查报告和农场/农场业主的状况进行验证。

4.8.2.3 新成员在正式加入农场业主组织前应进行内部检查。

4.8.2.4 应保持原始检查报告和记录,并确保在检查需要时随时提供。

4.8.2.5 检查报告将包括以下信息:

①合作社名称;

②受审核方(注册成员)签字;

③日期;

④检查员;

⑤认证的产品;

⑥针对控制点的评价结果;

⑦不符合项描述;

⑧良好农业规范运行状态。

4.8.3 内部检查员要求

4.8.3.1 内部检查员应具备国家承认的相应专业的中等专业学校以上(含中等专业学校)学历或同等学历。内部检查员需具有至少3年与农业相关的工作经历。

4.8.3.2 内部检查员能够在内部检查过程中对被检查方与良好农业规范相关技术规范的符合性做出独立评价,检查员不能检查自己的工作。

4.8.4 不符合和纠正措施

4.8.4.1 建立并保持处理不符合及纠正措施的程序。不符合来源于内部检查、外部审核/检查、消费者抱怨或质量体系的缺陷。

4.8.4.2 建立不符合控制程序,以识别和评价质量体系及运行中出现的不符合。

4.8.4.3 应对不符合项的纠正措施进行评价,并在规定的时间内完成纠正措施。

4.8.4.4 应明确实施和完成纠正措施的职责。

4.9 产品的可追溯性和区分

4.9.1 符合良好农业规范综合保证标准的产品及其销售应具有可追溯性,并用防止与非良好农业规范认证的产品混淆的方式进行处置。

4.9.2 建立编码规则对认证产品进行有效标识并确保所有产品是可追溯的,包括对所有适用的综合农场保证模块场所的符合/不符合;应对认证产品的产量进行计算,以表明其符合性。

4.9.3 建立追溯程序及流程图,保证认证产品经过采摘、贮藏、运输及可追溯性。

4.9.4 建立有效追溯程序以降低已认证的产品与未认证产品发生标志误用或产品混淆的风险。

4.9.5 支持性文件

产品标识和可追溯控制程序

产品追溯系统流程图

4.10 罚则

4.10.1 合作社应建立实施与农场/农场业主进行制裁的制度,该制度应符合本规则的相应要求。

4.10.2 与农场/农场业主签订的合同中应规定制裁的程序,包括告诫、暂停、撤销的规定条件。

4.10.3 合作社建立信息快速的反馈机制,以便能够立即将对注册农场/农场业主的暂停或撤销告知认证机构。

4.10.4 应保持所有的制裁记录,包括纠正措施和预防措施。

4.11 召回

4.11.1 建立产品召回程序,以有效管理对认证产品的召回。

4.11.2 明确导致召回的事件类别、负责决定认证产品召回的负责人、通知客户和认证机构的机制以及处理库存的方法。

4.11.3 产品召回程序应具有可操作性。

4.11.4 每年应以恰当的方式对程序进行至少一次验证以确保其有效性。应保持验证记录。

4.12 认证标志的使用

4.12.1 合作社应证明认证标志的使用有效控制,且符合良好农业规范相关技术规范、本规范和认证机构的要求。

4.12.2 建立认证标志规范使用程序,对使用认证标志加以规定。该程序应包括良好农业规范相关技术规范、本规则和认证机构的要求。

4.12.3 对认证标志的使用加以控制,并保存使用该标志的获证产品、认证证书持有人以及商号的记录。

4.13 分包方

合作社无分包方。

【附件1 组织机构图】

专业合作社 CAQS-GAP 组织机构图

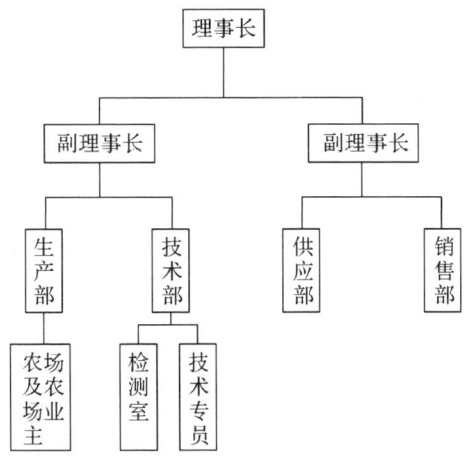

【附件2 职能分配表】

合作社 CAQS-GAP 质量管理体系职能分配表

GB/T 20014 标准条款	部门				
	理事长	技术专员	检测室	供应部	生产部
4.1 管理和组织结构	▲	△	△	△	△
4.1.1 合法	▲	▲	△	▲	△
4.1.2 组织机构	▲	△	△	△	△
4.1.3 合同	▲	△	△	▲	△
4.1.4 备案注册	▲	△	△	▲	△
4.2 组织和管理	▲	△	△	△	△
4.2.1 结构	▲	△	△	△	△
4.2.2 职责和义务	▲	△	△	△	△
4.3 人员的能力和培训	△	▲	△	▲	△
4.4 质量手册	▲	△	△	▲	△
4.5 文件控制	△	△	△	▲	△
4.6 记录	△	△	△	▲	▲
4.7 抱怨的处理	▲	△	△	▲	▲
4.8 内部审核/检查	▲	△	△	▲	△
4.9 产品的可追溯性和区分	△	△	▲	▲	▲
4.10 罚则		△	▲	▲	▲
4.11 召回	△	△	△	▲	▲
4.12 认证标志的使用	△	△	▲	▲	△
4.13 分包方	△	▲	△	▲	△

注：▲：主要责任部门；△：配合部门。

修改记录

修改标记	修改单号	修改人	修改日期	实施日期

附录 D2　全程控(CAQS－GAP)质量管理体系程序性文件

文件编号：××/GAP-B-××××

良好农业规范

程序性文件

第 A 版

编　　制：_____

审　　核：_____

批　　准：_____

×××××专业合作社

20××年××月××日发布　　　　20××年××月××日实施

××-GAP-B-01　文件控制程序

1　目的

对 GAP 良好农业规范所涉及的文件进行有效控制,确保各部门、各环节使用的都是有效文件。

2　适用范围

适用于 GAP 管理体系文件的控制管理。

3　职责

3.1　供应部负责所需文件的编写、更改。

3.2　供应部负责文件登记、发放和管理。

4　工作程序

4.1　文件的分类、编号

4.1.1　文件的分类

文件与资料分为受控文件与非受控文件。受控文件是受更改控制的文件,须加盖"受控"印章并注明分发号;非受控文件是不受更改控制的文件,须加盖"非受控"印章。按公司内部文件和外部文件可分为:公司内部文件和外来文件。

4.1.2　文件的编号规定:

××-GAP-A-20××

××——××××合作社名称缩写;

GAP——农业良好规范管理体系文件;

A——为第一层次文件,即质量手册(B 为第二层次程序文件,C 为作业文件);

20××——发布年号,如 2024。

4.2　文件编写与审批

4.2.1　质量手册和程序文件由供应部组织编写,副理事长审核,理事长批准。

4.2.2　作业类文件由供应部组织各相关部门编写,技术部负责人审核,副理事长批准。

4.3　文件发放

4.3.1 受控文件由供应部统一发放,发放数量及范围由副理事长确定。

4.3.2 文件领用人领用文件时应在《文件发放登记表》上签名。每份文件发放时有不同的分发号,便于追溯。

4.3.3 公司内不得使用未加盖"受控"印章的复印件,也不得随意借用他人的文件复印,一经发现立即由供应部收回。

4.3.4 使用人将文件丢失后,应到供应部办理文件补发手续,同时作废丢失文件的分发号,并给予新的分发号。

4.4 文件的更改、换版

文件的更改须填写《文件更改审批单》,并注明更改形式,经原批准人批准后实施。每年结合内部审核,对文件进行评审或当要求发生变更,依据标准、法律法规变更时随时进行评审、更新并再次批准。

4.4.1 质量手册、程序文件的更改须经理事长批准,由供应部负责更改。

4.4.2 作业类文件的更改须经管理者代表批准,由供应部负责更改。

4.4.3 记录的更改须经分管经理批准,提交供应部执行更改。

4.4.4 文件的更改采用换页方式,修改内容较少时可采用划改方式。更改完毕后,发放更改后的文件,同时收回作废的旧文件。对于归档文件,不将原作废页收回,加盖"作废"章夹入新页。

4.4.5 更改人填写更改一览表,文件持有人在更改记录上签字。

4.4.6 文件更改后,在更改页的刊头注明修改码,修改情况记录修改页。

4.5 文件的作废

4.5.1 作废的文件由供应部收回并记录,经技术部负责人批准后统一销毁。需作资料保留的作废文件,由文件管理员加盖"作废"和"保留"印章,方可保留存档。

4.5.2 供应部文件管理员收回作废的文件,填写《作废文件清单》,作废文件清单上应有拟制、审核、批准人签字。

4.6 文件管理

4.6.1 文件经拟制、审核批准后,原版文件由供应部文件管理员填写《文件资料归档登记表》。编制《受控文件清单》存入软盘备份。以软盘存储的文件也应进行标识。

4.6.2 需临时借阅文件的人员,经文件管理负责人批准方可借阅,借阅者应在指定日期归还文件,逾期不还的由文件管理员收回。借阅文件或收回文件均应填《文件(资料)借阅登记表》。原版文件一律不准外借,以防丢失或损坏。

4.7 外来文件管理

4.7.1 外来文件一般指:

1)国家、地区的相关法律法规和政府相关文件;

2)相关产品国际标准、国家标准、行业标准和客户的要求;

3)上级主管部门的规定、规范、标准;

4)国家相关部门颁发的产品质量认证证书;

5)国际和相关国家、组织的法律法规;

6)进口国产品质量标准、检验标准;

7)国际和相关组织授予的产品质量认证证书。

4.7.2 外来文件联系渠道:

供应部每年与上级政府主管部门或在互联网上查询,索取查询与本企业相关的现行法律法规、政府文件、标准及规范等,同时对本公司正在执行的文件进行核对,将确认有效的文件进行登记更新。

4.7.3 外来文件的管理

1)供应部将已经确认的文件进行分类,建立《外来文件清单》进行统一管理,并将《外来文件清单》下发各有关部门以供查阅和参考。

2)各部门需要参考、领用外来文件,应在供应部统一办理手续,加盖"受控"印章和分发号;部门和个人不得复印受控文件,一经发现立即收回进行销毁。

3)供应部负责对内部使用的外来文件每年进行一次检查,及时更换过期文件,以保证文件的有效性。检查的结果形成记录。

4.8 文件的评审

4.8.1 由供应部组织相关部门在内部检查前对文件进行评审。

4.8.2 评审主要是评定文件的适用性和协调性,对不符合要求的及时更改。

××-GAP-B-02 记录控制程序

1 目的

对记录进行有效控制和管理,以提供产品质量符合 GAP 规定要求和有效运行的证据。

2 适用范围

适用于公司 GAP 管理体系相关的所有记录的控制。

3 职责

3.1 供应部负责记录的编号、登记、存档、归档后的保管和销毁。

3.2 各相关部门负责各自记录的正确填写与归档前的保管。

3.3 供应部负责记录内容的审核和运行过程中记录填写的检查。

4 工作程序

4.1 记录格式的设计与审批

4.1.1 记录的格式由各使用部门设计。

4.1.2 主管经理负责格式的审定。

4.1.3 供应部负责对记录进行编号;保留样本,并填写《记录汇总表》。

4.1.4 当需要对外提供记录时,经理事长批准后,由办公室负责提供。

4.2 记录格式的更改与审批

记录格式需要更改或需要新增记录时,由该记录使用部门提出更新和设计,主管经理批准后实施。

4.3 记录的发放控制

记录经审定、取得编号后,由使用部门交供应部根据需求印制发放,并保留记录空白表及审批手续。

4.4 记录的填写与控制

4.4.1 记录只能由文件规定的人员填写,不能由他人代为填写。

4.4.2 记录填写应及时,不可补记。填写记录只能用钢笔或圆珠笔,不得用铅笔或红字。

4.4.3 记录不得随便更改,如需更改,填写人必须在更改处签字或盖章。

4.4.4 记录要清晰、完整。

4.5 记录的保护

记录使用人员应对记录进行保护,不得损坏、丢失,防止霉变、水浸、火灾发生,保持记录干净整洁。

4.6 记录的装订、归档、检索

每年结束,各部门应将上一年度的记录进行分类整理和装订,同种记录按时间先后顺序保持页码连续,根据记录的保存期和保管部门进行标识、编号和归档,以便于检索。

4.7 记录的保存

记录应保存于干燥处,防潮、防霉、防虫蛀、防鼠害等,记录的保存期不低于2年。

4.8 归档后记录的借阅按照《文件控制程序》执行。

4.9 记录的销毁按《文件控制程序》执行。

4.10 当合同有要求时,在商定期内,客户及其代表可通过经理审批后查阅相关记录。

××-GAP-B-03 内部审核程序

1 目的

对内部审核实施有效控制,以良好农业规范质量管理体系运行的有效性及符合标准、文件的情况。

2 适用范围

本程序适用于GAP质量管理体系内部审核的管理。

3 职责

3.1 副理事长负责内部审核的组织,并组织评价活动。

3.2 各部门配合内部审核的工作,对发现的不符合项及时进行原因分析和实施纠正措施。

4 工作程序

4.1 审核依据:CAQS-GAP标准和质量管理体系文件,分三个档次:一级控制点项、二级控制点项和三级控制点项。

4.2 审核时间安排:根据樱桃生长的季节合理安排审核的时间内容,完整的内部审核每年不得少于1次。

4.3 审核内容:对照CAQS-GAP标准和质量管理体系要求,对控制点逐条审核,以实际记录资料为主审对象,分三个等级:完全符合、部分符合、不符合。除完全符合等级外,其余两个等级均应找出具体缺陷提出纠正措施建议。

4.4 审核的具体步骤

4.4.1 由副理事长组成审核小组。

4.4.2 审核小组编制审核计划,计划内容应包括审核的具体时间、审核的内容,以及各审核人员的分工等。

4.4.3 审核组准备好所需的各种文件,如检查表、审核标准、审核所依据的文件等。

4.4.4 审核实施

4.4.4.1 审核(检查)员通过交谈、查阅文件和记录、检查现场等方式收集证据来检查与标准和文件的相符情况。

4.4.4.2 现场发现问题时当场让该项工作负责人(或操作者)知晓,保证不符合项能够完全被理解,以利于纠正。

4.4.4.3 审核结束由审核组长召开基地负责人及有关人员会议,报告审核结果及纠正措施。

4.4.4.4 责任部门针对发现的不符合进行原因分析、针对减少和消除产生问题的原因制订切实可行的纠正措施,并做到举一反三。

4.4.4.5 由审核(检查)组长完成审核报告,并做出审核(检查)的结论。

4.5 审核结果验证

副理事长组织审核组长对采取措施的有效性进行检查,验证措施效果,不能满足的应重新制订和实施纠正措施,直至有效。

4.6 保存审核(检查)产生的全部记录。

××-GAP-B-04 管理评审程序

1 目的

按计划评审管理体系,以确保其持续适宜性、充分性和有效性,达到持续满足标准要求和实现持续改进的目的。

2 范围

适用于对公司质量管理体系的评审。

3 职责

3.1 理事长负责主持管理评审活动,对体系的适用性和充分性做出判断,提出新的要求和方向,形成结论。

3.2 副理事长负责组织制订《管理评审计划》。

3.3 供应部负责收集并提供管理评审所需的资料及对纠正预防措施进行跟踪验证。

3.4 各部门负责准备并提供与本部门有关的评审所需资料,并负责实施管理评审所提出的纠正预防措施。

4 工作程序

4.1 管理评审频次

根据公司的发展情况及GAP体系的变化,每年3~4月份对上年度进行一次管理评审活动,当出现下列任何一种情况时,可根据需求增加管理评审的频次:

1)公司组织机构、产品范围、资源配置发生重大变化时;

2)发生质量与安全事故或有严重投诉、连续投诉时;

3)当法律、法规及其他要求发生变化时;

4)在进行第二方、第三方审核时;

5)审核中出现严重不符合项时;

6)理事长认为有必要时。

4.2 评审人员

4.2.1 管理评审由理事长负责组织,副理事长协助做好与管理评审有关的各项准备工作。

4.2.2 参加管理评审的人员为各部门主管。

4.2.3 必要时,由理事长决定是否需要增加或减少参与管理评审的人员。

4.2.4 管理评审计划中列出参加此次管理评审的人员名单。

4.3 管理评审计划

4.3.1 管理评审计划的内容包括评审目的、评审范围、评审内容、评审人员和时间安排等,管理评审计划精理事长批准后实施。

4.3.2 在实施管理评审前两周,由副理事长负责安排将管理评审计划下发给参加管理评审的有关人员。

4.4 管理评审输入

4.4.1 审核结果:包括第一方、第二方、第三方进行的GAP管理体系审核以往的管理评审跟踪措施。

4.4.2 相关方反馈:包括顾客满意度的测量结果及相关方投诉等。

4.4.3 产品的符合性:包括过程、产品监视和测量的结果,过程的运行状况以及产品与顾客要求和法律、法规要求的符合性。

4.4.4 改进的状况：包括对内部审核、日常发现的不合格项采取的纠正预防措施的实施及其有效性的检测结果以及改进建议。

4.4.5 可能影响GAP管理体系的各种变化，包括内、外部环境和资源的变化。

4.4.6 体系的运行状况包括健康安全方针、目标的适应性和有效性。

4.4.7 以往管理评审的跟踪措施。

4.5 管理评审的实施

管理评审以评审会的形式进行，由理事长亲自主持，根据审核结果、不断变化的客观环境或持续进行的承诺，对方针、目标及GAP体系改进的可能性进行评审。

4.5.1 总结报告和评审资料的准备

参加管理评审的人员在签收管理评审计划后，依据评审目的和评审内容，通过收集、分析有关的记录，在2周内准备好需要提交的资料。分工如下：

1）内部审核报告、上次管理评审结论和改进措施资料、基地种植产品的符合性、产品质量事故、预防和纠正措施实施验证情况、顾客满意度测量报告等文件由供应部提供；

2）人力资源管理有关资料由供应部提供；

3）基础设施管理有关资料由生产部提供；

4）采购控制的有关资料由生产部提供；

5）与顾客有关的过程资料由供应部提供；

6）预防和纠正措施的实施情况以及原材料和终止过程中的控制改善情况由生产科提供。

4.5.2 总结报告和评审资料的提交

4.5.2.1 各部门准备的主要过程运行情况报告于管理评审前1周准备完毕，并提交给副理事长，副理事长在此基础上，在管理评审实施前准备好全面的分析报告。

4.5.2.2 各部门准备的总结报告的管理评审资料，应按所确定的管理评审人数准备应提交的数量，并另外准备1份交给管理者代表归档保存。

4.5.3 召开管理评审会议

4.5.3.1 公司所进行的管理评审通常以会议的形式进行，管理评审会议由理事长主持，副理事长负责会议的组织工作，供应部做好相应的会议通知、签到和会议记录并予以保存。

4.5.3.2 参加管理评审会议的人员应按管理评审计划安排,对所提交的资料进行逐项的分析和讨论,确定不合格或改进项目,并进行原因分析,提出相应的整改或改进措施,落实负责部门。

4.5.3.3 由管理者代表按管理评审会议的决定填写《纠正预防措施活动表》,包括责任部门、整改项目描述、整改措施;该报告一式两份,1份由副理事长留存,1份由理事长批准后下发给相应的责任部门。

4.6 管理评审的输出

4.6.1 管理评审的输出应包括以下方面:

1)GAP体系及其过程有效性的改进措施,包括对健康安全方针、目标组织机构、过程控制等方面的评价;

2)与顾客要求有关的产品的改进,对现有产品符合性的评价;

3)体系进行以及持续改进对资源的需求。

4.6.2 副理事长根据管理评审输出的要求形成《管理评审报告》,其内容包括体系运行情况总结、管理体系和产品活动的改进措施、方针和目标的改进等,为下一阶段的工作指出方向。

4.6.3 《管理评审报告》经理事长批准后,由副理事长负责在管理评审结束1周内分发给参加评审会议的有关部门和人员。

4.6.4 对管理评审过程中提出的改进措施具体执行《纠正措施控制程序》,当由于管理评审的结果而引起文件相关问题时,执行《文件控制程序》。

4.6.5 管理评审产生的所有记录由供应部按《记录控制程序》进行保管。

××-GAP-B-05 人员管理程序

1 目的

对GAP体系相关人员规定相应岗位的能力要求,并进行培训以满足规定要求。

2 范围

适用于GAP相关的所有人员,包括临时雇佣的人员,必要时还包括供方的人员。

3 职责

3.1 供应部

3.1.1　负责编制各部门人员的《岗位设置一览表》。

3.1.2　负责建立并保管员工档案。

3.1.3　负责公司《培训计划》的制订及监督实施。

3.1.4　负责组织对培训结果进行评估。

3.2　各部门

3.2.1　负责实施本部门员工的岗位技能培训。

3.3　副理事长

3.3.1　审批《岗位设置一览表》。

4　程序

4.1　岗位能力识别

供应部负责组织编写《岗位设置一览表》，表格内部包括岗位名称、任职要求、岗前培训需求等内容。该文件经批准后为供应部选择、招聘、安排人员的主要依据。

4.2　培训设施

4.2.1　供应部负责按《岗位设置一览表》的培训需求制订培训计划，批准后实施。

4.2.2　培训的过程要形成记录，要对培训的有效性进行考核，对于不能达到预期培训目的的，要重新安排培训。

4.3　其他培训内容

供应部编制培训计划时必须考虑以下培训内容：

1）农药实施培训；

2）肥料施用培训；

3）农产品收获卫生要求；

4）急救培训；

5）GAP标准和相关法律法规的变更情况。

5　相关记录

5.1　岗位设置一览表

5.2　培训计划

5.3　培训记录表

××-GAP-B-06　证书和标志控制程序

1　目的

对认证标志的使用做出规定,以符合标准规定和合理地使用标志。

2　使用范围

适用于 GAP 认证标志的控制管理。

3　职责

3.1　副理事长负责认证标志的使用管理,负责公司使用时或印刷标志时的审查。

3.2　检测员负责认证标志用于产品时的标识的规范、合理性的检查。

4　工作程序

4.1　获得认证证书后,公司可以在认证产品的零售包装上使用认证标志,也可以用于产品的宣传资料、商务活动如参与大型的交易会、招投标会。

4.2　认证标志使用时,只可等比例放大或缩小,不允许变形、变色或使标志不完整。

4.3　无论在何种场合使用认证标志,必须在认证标志下标注注册号。

4.4　公司保留认证标志的正本,正本存于公司,需理事长同意,否则任何人不得带出公司或复印。对证书和认证标志的使用和展示进行适当的控制。

4.5　当发现认证标志持有人对认证证书或认证标志错误宣传和使用时,公司应及时予以制止,并采取适当措施给予批评教育。

4.6　认证证书在宣传中,不能在认证与非认证产品之间引起混淆。

××-GAP-B-07　不符合项和纠正措施程序

1　目的

对内部检查和外部审核的不符合项、消费者抱怨和 GAP 质量管理体系的缺陷采取措施。

2　范围

适用于内部检查、外部审核、消费者抱怨或 GAP 质量管理体系的缺陷的控制。

3 职责

3.1 副理事长负责组织对不符合情况采取纠正措施的实施。

3.2 各部门负责对不符合情况采取纠正措施。

4 工作程序

4.1 不符合情况：

1)内部检查发现的不符合良好农业规范的行为,如果不采取措施就容易造成不良后果的；

2)外部审核发现的不符合GAP标准的项目；

3)用户投诉或抱怨的事项；

4)良好农业规范实施中发现体系存在的不协调、不完整、不充分等。

4.2 纠正措施的实施步骤、方法和要求：

1)确定不符合情况的严重程度和原因；

2)对可能表现向失控趋势发展的监视结果进行评审；

3)评价采取措施的有效性,以确保不符合情况不再发生；

4)确定和实施所采取的措施；

5)记录所采取措施和验证措施的有效性,确保其有效。

4.3 记录不符合情况的性质及其追溯性信息,并由相应的负责人签字。

4.4 纠正措施实施的结果由责任部门记录,由供应部主管或检测员组织对实施的有效性进行验证并记录验证结果,经验证无效的,由责任部门按上述条款重新制订与实施,直至有效。

××-GAP-B-08 设施与工作环境管理程序

1 目的

提供和维护实现农场管理原料的符合性所需的基地设施和工作环境,以确保种植出的樱桃满足安全的要求。

2 范围

适用于农场基地设施的管理如工作场所、工具和设施等的控制,对工作环境中人和物理因素的控制。

3 职责

3.1 设备管理员负责对实现原料的符合性所需设备进行控制。

3.2 设备管理员负责对栽培基地的基础设施进行控制。

4 工作程序

4.1 设施的识别、提供、使用维护

4.1.1 设施的识别

公司为实现原料的符合性活动提供的设施包括工作场所、设备与工具、卫生基础设施、运输设施等。

4.1.2 设备日常的保养和维修

1) 设备管理员要有专人负责日常保养，做好设备管理工作；

2) 设备管理员应按设备使用说明制订《设备安全操作规程》，发放相关人员执行；

3) 在使用过程中，发生设备故障时责任人应及时修理，发生重大故障的及时通知供应商修理，修理情况应填写在《设施维护维修管理记录》中。

4.1.3 设备的封存和报废

1) 根据生产需要，对基地不要或新购未使用的设备，在该设备上挂上"封存"牌，并适当加盖防尘罩，设备需要重新使用时，使用前应重新校准合格后方可投入使用；

2) 因长期使用设备精密度性能不能满足要求且无法修复或无修复价值的设备，应予以报废，提出申请报理事长批准实施；

3) 对报废设备做好标识，并进行合理存放。

4.2 工作环境

设备管理员识别并管理为实现原料符合性所需的工作环境，根据生产需要负责确定并提供作业场所所必需的基础设施，创造良好的工作环境包括：

1) 配置适用的基地管理工作室；

2) 配置适当的卫生设施；

3) 配置适量的垃圾存放处。

4.2.1 现场定置

工作现场应实行定置管理，定置管理的对象主要是操作者、设备、工具等。

4.2.1.1 操作者定置

1)规定具体操作人员名单或人数,特定的工作和设备只能由规定的操作人员进行操作,如农药的配比分装、拖拉机的驾驶等;

2)定置时,应考虑工作要求和设备操作要求以及操作者的资格和能力等;只有满足要求的人员,才能被安置在该岗位,对有特殊要求的,应进行资格考核;

3)特殊工作和特殊设备必须由具有经过认可的资格或岗位证书的人员操作,没有相应岗位证书的人员不能擅自操作。

4.2.1.2 设备定置

1)根据设备类型、设备性能进行定置;

2)在设备定置时,要充分考虑操作要求及设备性能并考虑设备的现行能力;

3)设备能力降低后,应根据工作要求,将设备重新定置或进行能力认可。

4.2.1.3 工具定置

1)栽培种植过程应使用合理的工具;

2)工具应由专人进行保管,摆放整齐,方便使用;

3)工具应清洁,对原料品质不产生危害。

4.2.2 现场文件

1)现场文件应由使用人保管,其中重要技术性文件由负责人保管;

2)现场文件应保持现行有效,禁止使用失效或作废文件;

3)文件应保持清洁完整,不得有碍查看,并摆放整齐,易于查找,不能损毁文件。

4.2.3 现场卫生

1)禁止在基地内吸烟、吃带壳的食物;

2)禁止外源污染物进入基地内,如电池、有毒有害化学物;

3)定期对田地进行卫生清洁,将石块、电池类废品、塑料薄膜类等不可降解垃圾清扫出来;

4)定期对田地内的杂草进行清除;

5)及时清除植物残体,减少微生物滋生的中间寄主;

6)及时回收农药、化肥的包装物;

7)不使用未成熟的有机肥,以免滋生微生物污染田地;

8)厕所每日由专人负责清扫,保持清洁卫生无异味、排水管道通畅不积水;

9)基地内粪池定期由专人进行清理;

10)基地内垃圾桶每日由专人进行打扫,禁止垃圾堆积过多,以免成为滋生微生物细菌源;垃圾存放每日由专人处理,禁止产生垃圾堆放现象,垃圾存放处定时清理,防止污水聚积。

5 质量记录

5.1 设备台账

5.2 设施维护维修管理记录

××-GAP-B-09 采购控制程序

1 目的

确保采购物质符合规定要求,满足经营运作的需要,使采购过程处于控制状态。

2 范围

适用于基地所采购的各类种苗、农药、肥料、工具、防护用品及其他农用物资。

3 职责

3.1 供应部负责人制订评价准则,并组织对供货方的评价、选择、控制和重新评价;物资使用部门提出申请,由技术科负责人负责编写采购计划,签订采购合同。

3.2 供应部以及公司技术质量部门参与对供方的评价、控制和重新评价及采购产品的验收。

3.3 供应部负责人负责合格供方名单的审批。

3.4 供应部负责人负责采购计划、采购合同的审核,理事长负责批准。

4 工作程序

4.1 供方的评价

4.1.1 供应部负责人制订对供方调查、评价和重新评价的准则,初步选择供方。

4.1.2 需要时,供应部负责人组织植保员、技术人员等到初选供方处进行考察和评价,并填写《供方评定记录表》考察和评价时,可采用以下几种方式:

1)供方供货质量能力保证或质量管理体系的现场考察和评价;

2)产品样品的评价;
3)对比相似产品的质量情况;
4)对比其他使用者的经验和评价。

如供方已获得ISO9000系列标准认证,可删除此步骤。

4.1.3 供应部负责人根据考察情况,签署供方评价意见,经理事长批准。对符合要求的,由供应部负责人负责与其签订协议,向供方提供有关采购标准和技术资料,并将该供方列入《合格供方名单》。

4.2 供方的控制与重新评价

供应部负责人组织植保员、公司技术人员每年一次对合格供方进行全面的评价,并记录评价合格结果。

4.3 采购信息

4.3.1 采购文件应包括拟采购物质的信息。可包括:物质的类别、规格、等级;质量要求、验收标准及相关的法律法规要求;价格、数量、交付情况等。适当时还可包括:对供方的产品、程序、过程、设备的要求;人员资格的要求;对供方的质量管理体系提出的要求。

4.3.2 供应部负责人负责确定采购要求,在与供方沟通前,应确保规定的采购要求是适宜的、充分的。

4.3.3 采购文件须经技术科负责人审核、理事长批准后方可发布实施,供应部负责人使用采购文件前应仔细复核。

4.4 采购实施

4.4.1 供应部负责人按采购文件要求,根据《合格供方名单》选择供方进行采购。

4.4.2 急需的产品经请示管理者代表并获批准后由供应部负责人直接采购。

4.5 采购产品的验证

4.5.1 由保管员或质检员根据相类证明资料,接采购文件对采购的产品进行质量验证,

4.5.2 合同规定在供方处进行检验的,应事先在采购文件中规定验证的安排和对产品放行的方式,基地负责人及相关部门的人员到现场检验。

4.5.3 发现不合格品按《不合格品管理程序》执行。

5 质量记录

5.1 供方评定记录表

5.2 合格供方名单

5.3 种子与农资采购发放管理记录

××-GAP-B-10 抱怨处理程序

1 目的

制订顾客抱怨处理程序、规范处理的步骤和方法,减少抱怨和增强顾客满意度。

2 适宜范围

适用于客户的抱怨及基地/基地业主的抱怨处理。

3 职责

3.1 理事长负责顾客抱怨的协调,办公室负责具体的处理事宜。

3.2 销售部负责应对相关顾客抱怨并采取相应的措施。

4 工作程序

4.1 销售部应经常了解客户对公司产品品种、规格、质量、种植和加工工艺流程等方面的特殊要求,并在公司内部沟通。

4.2 顾客沟通

4.2.1 同客户达成购销协议后,主动邀请客户参观公司基地(种植基地)及加工厂,虚心听取顾客意见。

4.2.2 产品售出后,在1个月内进行回访,征求客户对产品的各种意见。

4.3 设专(兼)职人员处理用户投诉并做好登记、调查和处理工作。

4.3.1 接到用户信函、电话或其他形式的投诉后,应及时填写"抱怨处理单",其内容包括:序号、投诉日期、用户名称、内容要求及联系方式等。

4.3.2 投诉或抱怨程度分:轻微投诉、重要投诉和严重投诉。

1)轻微投诉:指引起投诉的产品缺陷是轻微的,不会对人体健康造成影响的,如产品因运输、贮存过程致使外包装破损。

2)重要投诉:虽然对用户不构成很大危害,但对公司带来负面影响或从长远看影响产品销售,如由于分拣过程控制不严,产品中混入杂质或异物。

3)严重投诉:给客户造成较大损失,严重影响企业形象,如产品农药残留超标或其他项目不符合标准要求。

4.4 投诉或抱怨的处理

4.4.1 轻微投诉及重要投诉的,销售部对投诉者(在产品有效期内)给予书面或口头答复就能满足用户要求的应立即答复;需调查后答复的,应立即向有关部门调查了解产生的原因,向用户做出答复,答复最迟不超过1天。

4.4.2 严重投诉或抱怨的,销售部接到用户投诉后,必须立即报告理事长和质检员、供应部主管等部门,组成调查小组进行原因调查和提出处理意见,采用登门致歉或给予经济补偿等方式消除顾客的投诉或抱怨。

4.4.3 投诉处理完毕后,应在"抱怨处理单"上填写相应处理结果。

4.5 公司内因产品或服务质量问题引起投诉时,副理事长会同销售部主管及时进行协调处理,属于销售部因违反相关规定导致顾客投诉的,销售部主管应依据合同规定的罚则处理。

4.6 "抱怨处理单"及所有投诉处理往来信件、口头投诉、文件资料等存档,并统一保存3年。

5 质量记录

5.1 抱怨处理单

××-GAP-B-11 分包方控制程序

1 目的

对分包方管理做出规定,确保分包方基地活动符合GAP要求。

2 范围

适用于本组织GAP活动的分包。

3 职责

销售部负责分包方的选择评价和管理,副理事长负责批准。

4 要求

4.1 当决定将某些活动分包时,由销售部负责分包方的评价,一般应选择获得GAP认证的其他组织作为分包方,如尚没有通过认证,应对其能力进行评价,确保其能提供满足GAP要求的服务。

4.2 每年应对其能力进行考核以确定是否继续将其作为分包方,评价和考核应形成记录。

4.3 分包方确定后应与其签订合同,确保其遵守本组织的管理规定。

5 相关记录

5.1 分包方基地评价考核记录

5.2 分包合同

××-GAP-B-12 产品标识和可追溯控制程序

1 目的

对来自不同基地的产品进行标识,以防止产品的混淆和误用并实现产品的可追溯性。

2 适用范围

适用于原料、半成品、成品阶段状态的标识。

3 职责

3.1 销售部负责规定各类标识及使用方法,销售部负责对标识进行实施和维护。

3.2 销售部对标识执行情况进行监督,对产品质量问题进行追溯。

4 工作程序

4.1 原料的标识

4.1.1 GAP基地产品,由验收员填写原料验收记录中的相应栏目,采用基地编号标识产品,包括产品名称、基地编号、数量、日期等内容,将其悬挂在产品存放区域的指定位置或直接标注在产品包装上。

4.1.2 外购产品包括种子、化肥、农药等生产物资,由技术科保持包装的完好,采用挂标牌、写标识、分区域等方式标识,防止误用不同规格的产品。

4.2 半成品的标识

4.2.1 加工过程中的半成品由车间根据需要标识产品,可采用挂牌、记号、用不同颜色的容器盛装等方式标识;车间质检员对产品的检验状态进行标识,挂合格、不合格或待检等标识,防止误用不合格品。

4.2.2 检验不合格的半成品,挂"不合格"标识牌,并隔离存放在指定的区域;生产车间要依据仓库标识保持其标识延续。

4.3 成品的标识

4.3.1 贮存或包装后成品应在其包装物上标明产品的名称和基地编号。

4.3.2 成品的相关质量信息由质检员记录在相应的检查记录上。

4.3.3 由仓库详细记录发货产品的批次号、基地编号、用户名称、数量、日期等内容。

4.4 标识不清的措施

4.4.1 隔离产品,组织相关人员重新确认和标识,不能做出明确识别的应取消基地产品的全部标识,视为非基地产品。

4.4.2 产品混合或不能通过标识区分基地产品时,应取消基地标识,做非基地产品处理。

4.5 标识的管理

4.5.1 销售部按标识规定对其有效性、正确性进行监督,标识不正确的在确认清楚无误后重新标识。

4.5.2 产品的标识必须完整、字迹清晰且保证其唯一性,若发现标识损坏要及时更换。

4.6 产品的追溯

当产品需要追溯时,应依据其标识和记录实现产品的可追溯,由质检员组织相关部门根据该批产品的标识可以从成品→半成品→原料→基地的相关记录进行逆向追溯。

4.7 记录的保存

产品标识和可追溯形成的记录由质检员保存。

××-GAP-B-13 通知和召回控制程序

1 目的

对产品的批次进行识别和跟踪,防止产品在食用过程的不安全因素。

2 适用范围

适用于对售出不安全产品的控制。

3　职责

3.1　销售部负责产品召回的实施。

3.2　检测员负责产品召回相关追溯的实施。

4　工作程序

4.1　召回信息

4.1.1　定期进行客户走访或电话征询。

4.1.2　对于客户反馈的质量信息,做好记录并进一步确认。

4.1.3　消费者食用后有不良反应。

4.1.4　政府部门的质量政策信息的反馈。

4.2　存有以下质量问题的产品必须召回

4.2.1　产品中有严重异物混入,立即召回产品返工处理。

4.2.2　客户发现产品微生物指标严重超标或致病菌检出,或者农药残留超过食品限量标准,将全部产品召回,并将召回的产品和同批次的产品进行报废处理。

4.2.3　消费者食用后有不良反应的,经鉴别是由产品原因引起的,召回并检查库存同批次产品做报废处理。

4.3　召回流程

客户反馈产品有重大质量或食品安全问题的受理→上报理事长→确定产品范围→决定召回→实施召回→查找相关信息→处理→追溯到源头→召回产品的处理。

××-GAP-B-14　健康安全方针

本着"维护基地员工利益,保护员工人身健康"的原则,制订如下规定:

1.基地办公室配备急救药箱,以应对突发事件,并备有治疗头疼、感冒、腹泻等多种常见病症的药品。

2.为员工提供危险作业时的安全防护设备,如防护服、橡胶手套、雨靴、口罩等物品,以减少有害物质对员工的伤害。

3.基地配有通畅的通信设施,生产部不仅负责农事操作的安排,而且负责员工受到人身伤害时的救治和汇报工作,一旦出现事故,必须马上安排救治并

及时与公司分管领导联系。

4.定期对员工进行安全方面的培训,使员工从思想上意识到安全的重要性,包括急救药箱和防护设备的位置和使用方法,灭火器的位置和使用方法,救火水源以及紧急断电、水开关的位置,员工的个人卫生等。

5.每年对基地内可能对员工人身健康安全造成危害的物质和因素进行风险评估,并及时采取相应解决措施。

××-GAP-B-15 土壤改良计划规程

1 目的

通过制订本程序,以指导土壤改良计划和规程的实施,从而有利于保持本公司的土壤结构、质量等良性循环,并实现环境目标和指标。

2 范围

本程序适用于产品生产前、中、后过程中与土壤质量有关的施肥、耕作、施药等活动的控制。

3 职责

3.1 技术部:土壤改良计划和规程的起草及修订。

3.2 理事长:土壤改良计划和规程的批准。

3.3 生产部:土壤改良计划和规程的实施。

4 程序

耕作方法是保持和改良土壤结构的重要措施,是自然生态系统和农业生态系统的主要不同点。自然生态系统是自我施肥系统,农业生态系统是人工施肥系统。保持和改良土壤结构的措施包括中耕和施肥,是对土壤表土层的管理,表土层深度、颜色、团粒大小和疏松度是土壤结构好坏的感官指标,土壤微生物、土栖动物、螨类是表明土壤生物活性的生物指标。避免土壤板结的方法是减少化肥的使用,增加有机肥使用的比例,有机质含量是土壤肥力的指标,也是土壤活化的物质基础。

4.1 土壤改良方法

4.1.1 播种前尽可能采用有机肥作基肥,充分翻耕。

4.1.2 严格按作物施肥管理计划操作,减少流失、避免过多积累。

4.1.3 采用轮作、中耕、休耕等方式来平衡、恢复土壤肥力。

4.1.4 要评估除草剂、除地下害虫等的农药对土壤生态的影响。

4.2 土壤改良物质

符合要求的有机肥料、微生物肥料、矿质元素等。

4.3 土壤质量评估

4.3.1 总结各地块年度施肥情况做出理论评估。

4.3.2 根据农场土壤年度监测报告来实际评估土壤改良成效。

××-GAP-B-16 农场培训管理程序

1 范围

本程序适用于公司内与良好农业规范相关的所有员工培训。

2 职责

2.1 理事长负责制订公司年度培训计划,并贯彻实施。

2.2 供应部负责公司内部统一培训、外派培训等管理工作。

3 目的

为适应公司发展,提高员工素质,使受训人员获得目前工作所需的知识与能力,并通过对公司内员工的投资增值来帮助公司达到经营和发展目标。

4 培训过程控制及要求

4.1 内部统一培训

农场在每位员工上岗前都要进行统一培训。内部统一培训包括新员工培训、农用化学品使用培训、急救及安全培训、复杂机械操作培训、卫生管理培训、农技及资质培训等。以上各类培训都要有专人记录在案,同时培训后均要进行考核,考核合格后方可进行操作。

4.2 外部培训

在内部培训的基础上,根据农场生产和发展的需要,选择性地委派员工参加外部培训。外部培训包括专业技术资格和职称培训、质量环境管理体系培训等。参加培训的员工培训前填写《外部培训申请表》,培训结束后提交培训报告。

××-GAP-B-17 肥料贮存管理程序

1 目的

提供合适环保的肥料贮存条件,采用先进的管理手段,使用适当规范的搬运方法。保证卫生要求,保障生产和交付,提高库容量。

2 范围

本程序适用于本公司内部肥料的搬运、贮存、防护的控制。

3 职责

3.1 技术部负责肥料的贮存、防护、交付的监督检查管理工作。

3.2 公司财务人员负责仓库账、物记录,数字核实和报表管理的工作。

3.3 生产部保管员负责肥料的贮存、防护、交付的管理工作。

3.4 保管员负责肥料的入库、贮存、防护、交付、标识和异常情况的报告工作。

3.5 保管员负责账、物记录,库存报表编制和上报工作。

3.6 供应部负责仓库防盗设施的检查督促、消防器材的购置和消防安全的检查监督工作。

4 工作流程

肥料供方→检验技术科→入库保管员→贮存与防护保管员→出库保管员。

5 过程及要求

5.1 农场内设有专门的肥料仓库,环境条件符合规定要求。

5.2 采购来的肥料由技术科检验员验收合格后,仓库管理员办理入库手续(填写《肥料进出库记录表》),根据肥料品种进行分类摆放,并做好标识。

5.3 仓库管理员负责保持仓库安全、洁净、干燥,做到整洁有序。

5.4 申领肥料时,仓库管理员应按照植保员提交的《肥料领用申请单》的要求进行相应的品种和数量发放,同时有责任对同种肥料保证先进先出,并让领用者在《肥料进出库记录表》上签字。

5.5 使用后,领用者将未用完的剩余肥料和空袋及时交给仓库管理员。管理员负责清点核实,并记录。

5.6 仓库管理员按实际情况随时对《肥料进出库记录表》进行记录,并保证至少每3个月更新一次。

5.7 建立盘查制度,仓库管理员根据进出库记录经常对仓库进行检查,发现问题及时汇报并开展调查寻找原因,积极配合公司财务人员的每月盘库工作。

××-GAP-B-18　农药贮存管理程序

1　目的

提供合适环保的农药贮存条件,采用先进的管理手段,使用适当规范的搬运方法。保证卫生要求,保障生产和交付,提高库容量。

2　范围

本程序适用于本公司内部的农药的搬运、贮存、防护的控制。

3　职责

3.1　技术部负责农药的贮存、防护、交付的监督检查管理工作。

3.2　公司财务人员负责仓库账、物记录,数字核实和报表管理的工作。

3.3　生产部保管员负责农药的贮存、防护、交付的管理工作。

3.4　保管员负责农药的入库、贮存、防护、交付、标识和异常情况的报告工作。

3.5　保管员负责账、物记录,库存报表编制和上报工作。

3.6　销售部负责仓库防盗设施的检查督促、消防器材的购置和消防安全的检查监督工作。

4　工作流程

农药供方→检验技术科→入库管理员→贮存与防护管理员→出库保管员。

5　过程及要求

5.1　农场内设有专门的农药仓库,环境条件符合规定要求;远离住宿区,门、窗、锁齐备;具有良好的照明通风设备;配备温度计、湿度计,环境要求阴凉、避光、通风良好;配有农药称量和混合的器具,必要的消防设施等。

5.2　农药仓库管理人员由经过正规培训的员工担任,同时仓库只有受过正规培训并使用农药的人员才能进入。

5.3 采购来的农药由仓库管理人员验收合格后,办理入库手续(填写《农药进出库记录表》),先根据农药种类(如:杀虫剂、杀菌剂、除草剂等),其次按照农药毒性的高低进行分类合理摆放,并做好标识。

5.4 仓库管理员负责保持仓库安全、洁净、干燥,做到整洁有序;同时为确保适宜的环境条件,应定期查看温湿度计并记录。

5.5 申领农药时,仓库管理员应按照植保员提交的《农药领用申请单》的要求进行相应的品种和数量发放,同时有责任保证同种农药先进先出,并让领用者在《农药进出库记录表》上签字。

5.6 农药使用后,领用者将未用完的剩余农药和空袋及时交给仓库管理员,仓库管理员负责清点核实并记录,确认与领出数量相符后,将剩余农药及空瓶、空袋于固定位置统一废弃。

5.7 仓库管理员按实际情况随时对《农药进出库记录表》进行记录,并保证至少每3个月更新一次。

5.8 建立盘查制度,仓库管理员根据进出库记录经常对库存进行检查,发现问题及时汇报并开展调查寻找原因,积极配合公司财务人员的每月盘库工作。

××-GAP-B-19 农药、肥料的批准和使用规程

1 目的

本程序旨在通过严格的审批制度、农药和肥料科学合理的使用管理,确保产品的质量安全、人员的职业安全健康和对作业生态环境的有效控制。

2 范围

本程序适用于本公司产品生产过程中农药和肥料使用的控制。

3 职责

3.1 各生产区栽培责任者负责提出农药或肥料使用申请。

3.2 理事长负责农药或肥料的领用申请的审批。

3.3 各生产区操作人员实施农药和肥料的使用。

3.4 技术部植保员负责农药和肥料使用过程的监督管理及备案工作。

4 工作流程

农药、肥料领用申请各生产区责任人→农药、肥料领用申请的审批理事长→农药、肥料使用操作人员→农药、肥料使用确认及善后处理植保员。

5 过程及要求

5.1 农药和肥料申领

各生产区栽培责任者根据作物栽培规范以及作物生长实际情况,向植保员提出农药或肥料使用申请,经理事长批准后,植保员凭农场生产责任人批准的《农药使用申请单》或《肥料使用申请单》从仓库内领出农药或肥料,并把申请单交由仓库管理员做好出库记录。

5.2 农药使用规程

5.2.1 施药开始前的准备(本过程由植保员实施、确认)

1）稀释场所的确认：必须在规定的场所进行农药稀释作业，严禁在规定以外的场所进行农药稀释作业；

2）机器、器具的确认：稀释作业开始前植保员必须先确认器具准备完善与否；

3）施药作业人员的安全防护措施（服装）确认：作业人员必须配套戴口罩、帽子、橡胶手套、雨鞋、雨衣；

4）作业环境的确认：排水沟周边农器具等的相关位置、对灌溉水源的影响等；

5）上述条件均确认合格后方可实施喷药作业。

5.2.2 施药前农药器具的清洗(本过程由操作员实施,植保员确认)

1）清洗目的：为确保上次喷药后农药器具里的残留农药和杂质清洗干净、再次清洗农药器具，防止残留农药污染蔬菜；

2）按规定方法清洗，需要清洗的器具有大药桶、小药桶、量杯、搅拌棒、药泵、药管、喷嘴、垫板等。

5.2.3 农药稀释方法(本过程由植保员实施)

1）值保员操作时要穿戴口罩、塑胶手套、雨鞋；

2）稀释时一定要依据《农药使用手册》详细核对使用农药名称、每亩使用药量与稀释倍数；

3）以上操作必须按照规定的农药稀释办法依次实施。

5.2.4 喷药办法(本过程由操作员实施,植保员确认)

1)喷药时机:田间喷药,要注意风力、风向及晴雨等天气变化;应在无雨、3级风以下天气施药;不能逆风喷药,夏季高温季节喷药要在上午10时前和下午3时后进行,中午不能喷药;施药人员每天喷药时间一般不得超过6h;

2)喷药人员的安全防护:喷药人员必须穿戴口罩、帽子、橡胶手套、雨鞋、防护服;喷药完毕后要进行必要的清洗,喝适量淡盐水,并将防护用具清洗晾干以备下次使用;

3)喷药方法:一般情况下,喷药人员要选择在上风向处开始施药,施药时叶的正反面都要喷洒均匀,要注意不要喷洒到邻近作物上;喷药的方式应有记录;

4)喷药结束后,如有剩余药液、空瓶及空袋交由植保员统一集中处理。

5.2.5 喷药后器具清洗及保管

农药器具清洗方法按照打药前的清洗过程清洗。本过程由操作员实施,清洗后妥善保管于专用仓库,并由植保员进行确认。

5.2.6 记录

技术部植保员负责对上述各作业流程做详细的确认工作并记录。

5.3 肥料使用规程

1)施肥前准备:进行亩用量确认,在一定范围内对施用数量进行分配,并进行施肥用具的确认,必要防护工具如手套、口罩等的准备;

2)施肥方法:根据实际情况,确认施肥方法、如撒施、条施、穴施等,施肥时一定要均匀,确保实际施用量符合规定要求;

3)施肥完毕后,对剩余肥料和空袋进行回收,统一交回仓库;

4)以上施肥操作过程由植保员现场监督进行,使用肥料名称、实际亩施用量由植保员统一确认、记录。

××-GAP-B-20 农药管理程序

1 目的

本程序旨在通过对农药购入、使用到回收的全过程进行严格管理,确保产品的质量安全得到有效控制。

2 范围

本程序适用于本公司农药购买、使用全过程的控制。

3 职责

3.1 技术部植保员负责田间病虫害发生情况的查看和对策提出。

3.2 各生产区栽培责任者负责提出农药使用申请。

3.3 理事长负责农药使用申请的审批。

3.4 生产部负责农药的采购和贮存保管。

3.5 各生产区操作人员实施农药的使用。

3.6 技术部植保员负责农药使用过程的监督管理及善后工作。

4 过程及要求

4.1 农药供应商资质要求:所有农药的经营单位必须有一定的经济实力,信誉好,是在本地区本领域内领先的公司。

4.2 农药的购买程序:生产区负责人根据田间生产需要提出农药使用申请,经理事长批准,如库存不够,由生产部统一负责采购,进货之前必须取得农药公司的资质证明、所购买农药的检验报告等材料。

4.3 采购来的农药由仓库管理员验收,办理入库手续后,统一安排到指定的仓库内,并做好标识。

4.4 发生病虫害时、农场植保员结合作物的《农药使用手册》以及作物生长实际情况,开具《农场病虫害发生报告/对策指示书》,经生产部负责人批准后,植保员凭理事长批准的《农药使用申请单》从仓库内领出农药,并把申请单交由仓库管理员做好出库记录。

4.5 操作人员在植保员的现场监督下按要求使用,并填写相关表格;农药使用结束后,如有多余农药由植保员及时退回仓库。

4.6 农药使用结束后,对已稀释好的多余药液由植保员在指定地点统一集中处理,剩余农药、空瓶和空袋则由植保员交给仓库管理员,仓库管理员负责清点核实并记录,确认与领出数量相符后,将剩余农药及空瓶、空袋于固定位置统一废弃。

××-GAP-B-21 农药安全使用程序

1 目的

本程序旨在导入安全合理农药喷施操作办法,对农药使用全过程进行严格管理,确保人员健康安全得到有效控制。

2 范围

本程序适用于本公司农药使用全过程涉及人员的管理。

3 职责

3.1 技术部植保员负责田间病虫害发生情况的查看和对策提出。

3.2 各生产区栽培责任者负责提出农药使用申请。

3.3 理事长负责农药使用申请的审批。

3.4 技术部负责农药的采购和贮存保管。

3.5 各生产区操作人员实施农药的使用。

3.6 技术部植保员负责农药使用过程的监督管理。

3.7 技术部植保员负责剩余药液、空瓶袋的处理工作。

4 过程及要求

4.1 领用管理

农场植保员确认病虫草害达到防治指标后,结合作物的《预防打药计划》以及作物生长实际情况,开具《农场病虫害发生报告/对策指示书》,经理事长批准后,植保员凭农场理事长批准的《农药使用申请单》从仓库内领出农药,并把申请单交由仓库管理员做好出库记录。

4.2 使用前安全措施

4.2.1 农药领用后,由栽培责任者向植保作业人员发放防护品,包括雨衣、雨裤、雨鞋、口罩、手套等,并现场确认。

4.2.2 栽培责任者及植保队长再次检查植保器械,确保能正常使用。

4.3 配药、施药管理

4.3.1 配药由专业操作人员操作,操作人员经过专门培训,严禁其他人员替代操作;植保员现场监督其配药操作。

4.3.2 施药期间由操作人员具体负责操作,期间植保员至少巡视1次;施药结束后,在植保员的监督下操作人员负责完成结束后的各项操作。

4.3.3 从领药到施药结束的全过程,植保员必须负责落实全程监督;正式开始施药前,植保员最后现场确认并填写《农场巡视员农药喷洒作业确认记录》及相关表格后施药人员才能开始作业;施药结束后,植保员完成最后的确认记录。

4.4 应急措施

作业人员一旦发生身体不适、中毒等意外,应立即停止作业,生产责任者应负责将其转移至安全地方并做好急救工作,最后评估是否采取进一步措施并通知农场责任者。植保员备案,事后责任到位。

4.5 培训

植保作业人员的安全培训、机械操作培训等在农场培训计划内,作业人员必须考核合格后才能上岗操作。

××-GAP-B-22 种子(种苗)管理程序

1 目的

本程序旨在通过合理的种子(种苗)购买计划、采购使用程序,确保出苗率良好。

2 范围

本程序适用于本公司农药购买、使用全过程的控制。

3 职责

3.1 生产部负责起草年度作物种植计划。

3.2 理事长负责种子购买计划的批准。

3.3 供应部负责种子的采购和贮存保管。

3.4 各生产区栽培责任者负责种子的使用。

4 过程及要求

4.1 生产部根据上年度农场种植情况及本年度公司目标,起草《年度作物种植计划》,经理事长批准后生效。

4.2 根据《年度作物种植计划》,生产部制订《种子采购申请单》,经理事长批准后,供应部根据使用作物及数量进行采购。

4.3 采购必须向有资质的种子(种苗)经营机构购买,有良好合作历史和信誉的单位优先;在确认种子品种后,要求供方提供种子质量合格证、生产经营许可证编号、发芽率及无转基因检测报告等证明种子质量的证明资料,并对种子来源进行记录,记录内容包括名称、数量,供应商等。

4.4 种子购买后如需贮存,应配有专门的仓库,同时要有干燥、通风、防蛀等符合种子贮存条件的设施,并有专人保管,种子入库有记录。

4.5 各生产区责任者领取种子时,必须有理事长审批过的《种子领用申请单》,仓库管理员根据申请单内规定的品种和数量按实发放并记录。

4.6 播种时,必须在有一定专业、经验的技术人员指导下进行,如用播种机要由专人操作,播种方法要实用、准确,力保出苗率良好。

××-GAP-B-23 收获后农产品的处理程序

1 目的

在具备一定卫生设施的条件下,通过合理的操作规范,以达到采收后产品处理过程中的卫生得到有效控制的目的。

2 范围

本程序适用于本公司采收后产品处理过程的控制。

3 职责

3.1 生产部负责产品处理的现场管理。

3.2 供应部负责产品的运输管理。

3.3 技术部负责采收后产品处理全过程的监督工作。

4 过程及要求

4.1 生产现场管理

4.1.1 生产场所附近应具备一定的卫生条件,如有卫生良好的洗手设施、卫生间等。

4.1.2 在操作前对员工进行过基础卫生、安全等知识培训,并有记录。

4.1.3 在生产现场张贴个人卫生和着装的要求,同时定期进行检查并记录。

4.1.4 生产前,按规定要求要对生产用水进行抽样并送水质检测机构进行分析,保证水源符合国家饮用水相关要求,同时要求生产用水不在循环状态下使用。

4.1.5 生产现场处理要求:

1)生产现场要符合农产品加工要求,地面确保排水畅通;

2)农产品处理设施和设备要定期进行清洗和保养,确保有记录;

3)待用农产品与被拒收的农产品、废弃物存放时要有隔离,三者应分别单独存放在专设区,要进行例行清洁和消毒并有记录;

4)清洁剂、消毒剂等要存放在专设区,要有专人保管,对领用有记录;

5)建有异物控制程序,对玻璃、透明硬塑料碎片等异物进行挑选、处理,并有专人进行定期检查;

6)收获后,产品处理过程中,不使用任何生物灭杀剂、蜡和植保产品。

4.2 运输管理

4.2.1 运输的车辆由供应部统一调度,而且车辆必须是专门运输蔬菜的。

4.2.2 运输的车辆必须经过清洗,并且没有漏油或被其他油污染过,必须经过植保员确认后方可装货。

4.2.3 运输车辆的驾驶员必须与公司有多年的合作,且信誉好,讲诚信,有一定的驾龄。

4.2.4 为保证运输途中不发生调换、丢失等现象,运输车辆出发时,农场派人随车到达目的地。

××-GAP-B-24 事故处理程序

1 目的

本程序旨在通过制订一套合理规范的操作流程,来确保员工在发生一般事故后的应急处理能力。

2 范围

本程序适用于本公司所有员工。

3 职责

3.1 生产部负责产品处理的现场管理。

3.2 供应部负责产品的运输管理。

3.3 技术部负责采收后产品处理全过程的监督工作。

4 事故处理一般流程

发现事故→脱离危险→急救措施→事故分类、上报经理→采取措施→事故记录→事后总结。

5 过程及要求

5.1 常见事故急救措施

5.1.1 外伤。急救箱外伤处理。

5.1.2 中毒。

1)药液入眼:到就近水源大量清水冲洗→就医;

2)刺激皮肤:到就近水源大量清水冲洗—就医;

3)头晕乏力:转移至通风处→休息恢复→就医;

4)严重症状:立即就医(携带中毒源农药)。

5.1.3 溺水。紧急处理→就医。

5.2 紧急事故请马上按以下信息联系:

联系人	×××
号码	×××
地点	农场应急办公室
相关电话号码	公安 110;消防 119;急救 120

××-GAP-B-25 个人卫生规程

1 目的

为确保生产场所卫生要求,防止产生异物及污染产品、影响产品质量,特对生产过程中员工的个人卫生进行控制。

2 范围

本程序适用于本公司生产过程个人卫生的控制。

3 职责

3.1 每位员工负责自我卫生工作。

3.2 供应部负责卫生监督工作。

4 过程及要求

4.1 员工应养成良好的生活习惯,要做到"四勤":勤洗手、勤剪指甲、勤洗澡理发、勤换洗衣服。

4.2 生产前员工要按规定程序洗手,工作服要保持干净、卫生,禁止佩戴首饰、带个人物品进入生产现场。

4.3 进入生产现场,员工一定要穿戴好工作衣裤、帽子,防止毛发、线丝等露出。

4.4 操作人员在碰到以下情况时,要重新洗手:生产时碰到脏东西、上厕所回来、从外面回来等。

4.5 不得在生产场所周围吃零食及随地吐痰。

4.6 严禁在生产场所内吸烟。

××-GAP-B-26 来访者个人安全规程

1 目的

本规程旨在通过一系列规章制度,来确保来访者的个人安全问题得到有效控制。

2 范围

本程序适用于外来人员来访本公司的过程控制。

3 职责

3.1 供应部负责来访者的接待工作。

3.2 技术部配合相关接待工作。

4 过程及要求

4.1 来访人员进入农场后实行登记制度。

4.2 来访人员在农场活动应有农场员工陪同或征得农场同意。

4.3 来访人员应注意不得随意靠近各类仓库,尤其是农药仓库,征得同意要求参观时,应由植保员带领。

4.4 来访人员要求现场操作农事时,应由植保员为其采取防护措施,并做好记录。

4.5 来访人员对自身安全负责。

4.6 来访人员发生意外伤害情况时农场通过应急措施并转移至安全地方。

××-GAP-B-27 农场其他管理程序

1 目的

为满足公司发展与相关要求,确保公司产品质量、环保及职业安全健康等有效运行,特此补充本程序。

2 范围

本程序适用于公司内与质量管理、环保、职业健康等相关的活动。

3 职责

3.1 技术部负责土壤、水质的监测工作。

3.2 技术部负责施肥与药用机械的日常管理与计量校准。

3.3 供应部负责意外事故紧急处理的管理工作。

3.4 供应部负责文件、记录的归档管理。

3.5 各相关部门负责本部门的文件、记录管理。

3.6 技术部植保员负责产品的农残抽样送检工作。

4 过程及要求

4.1 农场土壤肥力、农残检测的要求

农场按规定要求(一般为3年1次),对土壤肥力、农药残留、重金属等指标进行检测,检测结果要符合国家和GAP规定要求,同时根据土壤肥力情况采取相应的施肥计划及措施。以上如遇特殊情况,要对土壤追加检测。

4.2 农场灌溉用水的要求

农场按规定要求(一般为每年1次),对水源的农药残留、重金属等指标进行检测,检测结果要符合国家和GAP规定要求,同时要进行风险评估。

4.3 施肥及用药机械的管理

施肥及用药机械应保持良好状态,要有专人负责进行日常保养和维护,并有记录。

4.4 施肥及用药机械计量

日常校准由经过培训的人员进行,同时至少每年1次送主管部门、设备供应商进行校准验证。对施肥机械的单位时间和单位面积施肥量进行校准;要对施药时所有可能用来计量的器具进行校准。

4.5 农场文件及记录保存要求

4.5.1 文件控制

为保证与农场GAP有关的所有文件处于受控状态,包括管理性文件、技术性文件和外来文件及复制文件,防止文件遗失、泄密和非预期使用失效作废文件,确保有效文件及时到达使用场所,各归口部门或责任人员负责归口范围内的文件组织编制、批准、实施工作。

文件从产生到废止的整个过程都必须实施有效控制。对从编制准备、制订提纲、文件起草、文件送审、文件批准、登记印刷、文件发布、原件保管、贯彻实施、追踪检查到更改废止的整个流程进行控制。

4.5.2 记录控制

本程序适用于农场GAP运行有关的所用记录,包括原始记录、过程记录、统计报表、分析报告和来自供方的GAP记录。各部门或责任人负责本部门或岗位职权范围内的GAP管理记录的设置、实施、控制、保存和归档工作。

记录从产生到废止的整个过程都必须实施有效控制。对从记录设置提出、记录设计、评审认定、登记编码、批量印刷分发、记录填写、记录更改、记录收集、分析利用、记录检查、记录保存到记录处理的整个流程进行控制。

4.6 产品农残检测程序

为加大产品农残安全控制力度,现制订产品采收前农残检验办法:

1)通过对产品风险评估,分高、低风险区域,如农场四周地块有可能被外围影响的为高风险区域,其他能在自己可控情况下而无外来影响的为低风险区域,因此应重点加大高风险区域的抽样检测;

2)取样时间及办法:根据作物生长情况,在采收前的3～5d进行农残抽检,采样办法为"五点"采样法(在农田的四周和中间各取一样品然后综合成一样品)进行农残检测;

3)测试项目为实际使用农药(包括周边使用农药),检测合格的方可采收加工,反之定为拒收产品,同时将进行农残超标原因的追溯分析,并对种植土地重新检测,重新评定,不符合要求的地块予以淘汰。

附录 D3　全程控(CAQS-GAP)质量管理体系作业指导文件

文件编号：××/GAP-C-××××

良好农业规范

作业指导文件

第 A 版

编　　制：_____

审　　核：_____

批　　准：_____

×××××专业合作社

20××年××月××日发布　　　　20××年××月××日实施

C-01　关于优质樱桃种植基地的标准

为跨越日趋抬高的农产品技术壁垒,必须实行从"田间到餐桌"全程质量安全控制。从源头抓起,建立优质樱桃种植基地,特制订本标准。

1　种植对象

明确樱桃的品种,了解该品种的生物学特性,种植技术和产品规格,质量标准,是选择种植基地的先决条件。

2　种植基地应具备的基本条件

2.1　土壤环境标准。

2.2　灌溉用水质量标准。

2.3　空气环境质量标准。

3　种植基地风险评估

3.1　种植历史评估

3.1.1　过去种植作物种类对今后种植作物的影响:

3.1.1.1　过去种植的作物与今后种植作物系重茬,应解决因重茬带来的病虫害严重,会导致产量递减和产品质量恶化。否则,不宜选作基地。

3.1.1.2　过去种植的作物需施用大量除草剂、高毒性或高残留农药,过量使用化肥而导致土壤、水源污染,应对土壤、水源、空气进行检测,达标后才选作基地。

3.1.1.3　过去种植的作物产量或品质逐年递减或逐年上升,应查明原因。按照可控制、不可控制进行判断,如系不可控制原因或主要为不可控制原因时,不能选作基地。

3.1.2　过去的土地利用历史:回答是或否。

3.1.2.1　工业用地。

3.1.2.2　军事用地。

3.1.2.3　垃圾场、墓地。

3.1.2.4　矿区或地下为采矿区。

以上各项有1项回答为是者,不宜选作基地。

3.2　地形地貌:回答是或否

3.2.1 地势平坦,无斜坡,便于机械作业。

3.2.2 土质为沙壤或沙土或淤土。

3.2.3 地下水源丰富,灌溉工程配套,很少发生旱灾。

3.2.4 年降雨量适中,排水方便,很少发生涝灾。

3.2.5 植被覆盖率高,很少发生风害。

以上各项有1项回答为否者,不宜选作基地。

3.3 地理位置:回答是或否

3.3.1 周围环境良好,无工矿企业,无大型养殖场和水质污染加工厂。

3.3.2 基础设施齐全,又远离交通大道。

3.3.3 社会环境好,农民基本素质高。

以上各项有1项回答为否者,不宜选作基地。

3.4 基地建设的操作环节:

3.4.1 划定基地范围和规模。

3.4.2 签订基地建设合同。

3.4.3 建立基地基层工作机构。

3.4.4 树立界标和基地识别标示物。

3.4.5 制订基地生产技术规程。

3.4.6 培训农民、组织农民建立生产管理组织。

3.4.7 进行基础设施建设。

C-02 土壤监测规程

1 取土标准

1.1 每块地随机选点10~20个。

1.2 每个代表地块内采取"S"形或对角线方法选点。

1.3 用锹垂直取土,厚10cm。剔除石块等,摊在塑料布上晾干、粉碎。

1.4 用对角线法逐次选择,最后称取500g土样。

2 配制溶液

2.1 根据监测项目,配制土样溶液,每份加水50mL,加土10g。

2.2 振荡摇匀,使土充分溶解后,静止30min,过滤出土样溶液。

2.3 按常规配制标准液。

3 检测

3.1 使用快速农残检测仪检测。

3.2 将检测结果与试纸对照出检测结果。

3.3 将土样委托经 CMA/CATL/CNAL 认证的实验室进行检验。

C-03 肥料库管理办法

1.设专职保管员 1 名,负责肥料的采购、保管、发放和剩余肥料的回收。

2.凭合作社供应部专家审核的农田物资采购单进行采购。经专家和肥料库管理员共同验收合格后方可办理入库手续,并填写"肥料出入库记录"。

3.生物肥、无机肥、液体肥、叶面肥等要分开存放,并做好标识。

4.肥料库内应注意防火、防鼠、防泄露。不得存放肥料以外的杂物。

5.库管人员应经常打扫整理肥料库,以保持其内部物质摆放整齐、地面干净整洁。

6.农场/农场业主凭专家签字的使用指导书领取肥料。保管员及时填写肥料出入库记录。

7.注意库房安全,库房管理员离开后应及时关闭门窗并上锁。

C-04 生产灌溉工程技术规定

1 节约用水,降低消耗,保证水源质量,充分发挥水利工程效益,特制订本规程。

2 水源管理

2.1 以吸取露天水渠的地表水和机井水为基地灌溉用水。

2.2 水源的供水量和供水时间必须能够满足年用水计划和作业计划。

2.3 水源四周无污染源,避免水源受污染,每年进行 1 次水源风险评估和水质检测。

3 灌溉技术

3.1 灌溉之前应对提水设备和输水管道进行检修。

3.2 严禁用电缆线吊装水泵入水。

3.3 根据灌溉作业指导书进行漫灌或喷灌。

3.4 灌溉结束时应对工具进行清理维护并严禁将剩余药液投入水源中。

3.5 做好灌溉记录,包括时间、方法和用水量。

4 灌溉用水管理

4.1 根据历年运行经验、当年樱桃生长状况、中长期气象预报和水源供水情况编制年用水计划。

4.2 根据樱桃物候期内降水量、蒸发量和土壤的持水量决定灌溉时间、方法和灌水量。

【附录】

生产灌溉用水水质风险评估

潜在危害	危害程度	发生概率	监控措施
生物污染	致病菌,易传播疫病	小	1.用后封闭机井口,防止各种动物坠入井内; 2.机井100m范围内,不堆制各种垃圾和粪便; 3.每年分析水质,发现问题及时有针对性地消灭
化学污染	重金属超标,污染土壤,影响农产品安全	小	1.用后封闭机井口,防止异物坠入井内; 2.每年分析1次水质,发现问题用EM技术净化
化学污染	过量施化肥导致肥水,进而滋生细菌	大	严格控制化肥用量
化学污染	冲洗农药瓶或喷药机械,将剩余药液倒入	大	严格控制人员操作规程

C-05 农药库管理办法

1.设专职保管员1名,负责农药的保管、发放、使用指导和农药包装物的回收、保管和处理。

2.由合作社专家根据作物病虫测报,提出农药采购建议;供应部填写农药计划采购单,需经合作社专家签字后由供应科统一采购。

3.农药采购后应及时入库,入库时由专家和保管员验收合格后方可办理入库手续,由保管员填写农药入库记录。

4.农药入库后,根据农药不同性能、特点,存放于不同位置。生物农药、化学农药、粉剂和粒剂农药、液体农药分别存放,做好标识。

5.库房应有防火、防泄露、防渗漏的设备和物资,如:灭火器、沙子,并置于适当位置。保管员应定期检查,发现问题,及时处理。

6.农药库内严禁存放农药之外的杂物,如:衣物、食品和其他杂物。

7.作业组组长凭专家(技术专员)签字的使用指导书领取农药。保管员及时填写农药出库清单。

8.调配和稀释农药的水桶、量杯、喷雾器及各类药械等用后及时清洗至少3~4次,放到指定位置。如损坏,及时维修和进行计量标定;废农药容器全部收回,统一处理。

9.过期农药,退回农药经销商或农药生产商。

10.非作业人员不得进入农药库,保管员离开时,及时关闭门窗并上锁,做好库房安全工作。

【附录】

配药流程图

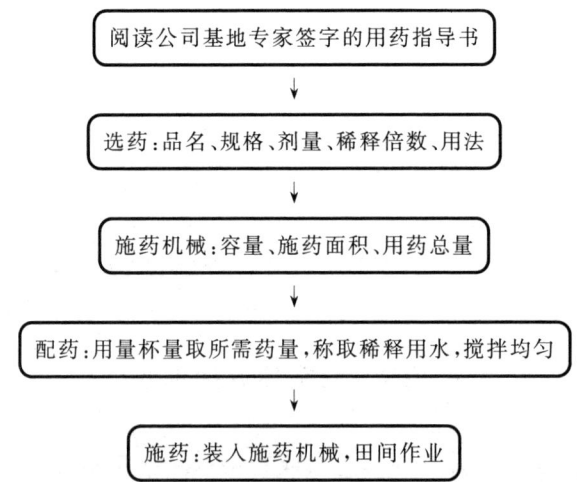

C-06 基地组织管理办法

为了服务三农,不断提高农业产业化水平,实现农业集约化经营,合作社组织创建了樱桃种植基地。合作社实行协议基地制管理,合作社与农户签订种植协议,规定农户按照良好农业规范中种植控制点和符合性规范的要求进行种植,合作社按照市场价格进行收购,使农户与合作社形成风险共担、利益共享的经济共同体。合作社实行企业化管理,具体管理办法如下:

1 组织机构图

详见《质量管理手册》。

1.1 在合作社领导下,设立供应部。

1.1.1 供应部设部长1名,技术员1名,保管员1名。

1.1.2 供应部部长主持基地全盘工作;保管员负责农资保管和发放;技术员根据农艺师的生产技术方案,指导各生产作业组进行实际操作。

1.1.3 供应部下设办公室、财务室、仓库,各设组长1人,按合作社供应部下达的技术规程进行生产操作,并做好各项记录。

1.2 在樱桃基地里,按地块编作业组。

1.2.1 每个生产作业组负责一方地块,具体负责农事管理操作和生产。

1.2.2 作业组组长承担对职工操作进行监督和管理的责任,职工必须严格遵守操作规程。

2 农资供应

2.1 种子

2.1.1 种子由合作社的供应部统一供应,自备樱桃种要精选产量高、无病虫害的优质品种,做好种子的标识。

2.1.2 不得采用转基因种子。

2.2 肥料

2.2.1 每年对土壤营养状况和理化性质进行监测,并建立土壤监控档案。

2.2.2 根据樱桃生长需求,土壤营养状况和理化性能,由合作社技术部的农艺师制订用肥方案,既能满足作物生长的营养需要,又保持土壤可持续生产能力和防止生态环境恶化。

2.2.3 供应部根据配方施肥方案和农时统一采购所需肥料。办理好入库和出库手续。

2.2.4 作业组组长根据农事活动统一领取肥料,指导职工按规程施肥。并如实记录施肥时间、品种、规格、用量、用法。

2.2.5 供应部建立生物有机肥料发酵场,由经过培训的专业人员具体操作。

2.2.6 逐年增加生物有机肥,减少化肥用量,使土壤肥力增强,减少土壤板结,提高产品品质。

2.3 植保产品

2.3.1 建立病虫测报点,同当地植保站建立病虫情报交流关系,制订病虫害防治方案。同时引进生物防治技术和物理防治技术,实行综合防治,逐年减少农药用量。

2.3.2 技术部的农艺师,根据病虫测报,编制综合防治方案,制订农药采购计划,并签发农资采购单。

2.3.3 采购员持农艺师签发的农资采购单采购农药,采购时要核实防治对象、农药剂型、含量、用量。采购后要认真办理农药入库手续。

2.3.4 根据病虫情况和农事活动,由经过培训的职工在技术员的指导下,统一配药、统一施药。作业职工认真填写好记录,写明:防治对象、用药名称、剂量、用量、方法、效果等,农药包装存放在仓库内统一清洗处理,破碎后或掩埋或交垃圾回收站。

2.3.5 施药设备,每年由技术部农艺师进行1次机械性能鉴定。使用过程中如有损坏,经维修后重新标定方可使用。

2.3.6 剩余药液和清洗废弃药瓶的液体不得随意在已施药作物上喷洒,统一收集后由技术员渗入非耕作区土壤。

3 采收和运输

3.1 作业组按采收规程进行作业,每人应持有对应的周转筐、土地编号卡和作业人员代号。

3.2 运送车辆必须保持清洁、无异味,运送其他农资产品的车辆在运送原料时要经过多次冲洗并严格消毒后才能使用。

C-07 基地喷雾(粉)设备年检办法

1 试验条件

1.1 田间生产试验用介质必须是现实生产过程中防治病虫害要求稀释后的农药液剂或粉剂。

1.2 性能试验用常温清水。常温指 0～40℃范围,清水体积可视为 1kg/L。

2 试验方法

2.1 喷雾(粉)量测定

药箱装入适量清水称出重量为 W_1。喷雾 3min 后再称量为 W_2。$W_2 - W_1$,计算每分钟喷雾量,重复 3 次,求出每分钟平均喷雾(粉)量,记入结果。

2.2 药箱残留液(粉)量测定

空药箱时称重为 W_1,喷雾(粉)结束后再称药箱重量为 W_2,$W_2 - W_1$ = 残留药液(粉)量,重复 3 次,记入结果。

3 试验报告

进行上述试验后,出具关于施药设备合格与否的结论,不能使用的进行适当修理或更换。

C-08 剩余药液处理的规定

1.基地樱桃用药由技术部专家指导,严格按照病虫害情况决定施药品种和农药剂量,且农药配制量根据农药产品标签和农药合理使用,精确计算,减少农药剩余。

2.清洗农药罐和施药机械时,应使用提水设施从水池中取水,在水源岸边或指定田地里进行清洗,严禁直接在水源中进行冲洗,造成剩余药液直接污染水源。

3.出现剩余药液或清洗农药罐和施药器械的废液应喷洒到指定的农田,其剂量不得超过农药标签上的使用标准,且农田不得与基地相连接(应有隔离带),避免喷洒的药物飘回基地作物。

4.剩余药液或清洗农药罐的废液的处理应填写"剩余药液处理记录",注明药液名称、使用时间、剩余量、处理方法、操作人等。

C-09 施药器械及空农药瓶管理办法

1.施药器械及空农药瓶应有规定的清洗地点,一般在农药配制点水源处岸边或指定的田地里清洗。

2.清洗程序

(1)凡剩余少量药液者应喷施到未喷药地块。

(2)施药器械先用清水将药箱冲洗3次,然后在药箱中灌注其体积1/3的清水在岸边或指定田地里喷洒,以清洗施药器械的管路和喷嘴,最后用刷子将施药器械外壁及管路外壁刷洗干净。

(3)施药器械由使用人负责清洗,作业组组长检查验收,清洗干净后方可归还。

(4)空农药瓶至少用清水清洗3次,作业组组长回收,贮存在专门的保存区域。

(5)每次喷完药液后应及时到指定地点清洗施药器械及空农药瓶。

(6)清洗后的废水倾倒于指定位置。

(7)防护服用后立即清洗,送还到作业组组长。以免影响周转使用。

C-10 基地采收期卫生分析及卫生要求

1.严格执行农药安全间隔期。原料收获前30d不得使用化学药剂。

2.采收人员应保持衣服干净整洁,不得在基地内饮食、吸烟,不留长指甲,涂指甲油和化妆品。

3.基地内部应干净整洁,不得有垃圾,采收过程中的残次原料应及时清理。

4.基地内卫生间保持清洁卫生,通风良好,有冲水、洗手设施及洗手液,操作人员每次如厕后应按规定洗手。

5.基地定期对员工进行健康检查,建立员工健康档案,并由专人负责健康档案的管理;对直接进入生产车间的加工人员每年至少进行1次健康检查,必要时做临时健康检查,新进厂人员经卫生防疫部门体检合格后方可上岗。

6.凡患有以下疾病之一者,调离加工岗位。

(1)化脓性或渗出脱屑性皮肤病;

(2)疥、疮等传染性创伤患者,手外伤者;

(3)患有痢疾、伤寒、病毒性肝炎等消化道传染病(包括病毒携带者);

(4)活动性肺结核及其他有碍食品卫生的疾病。

7.皮肤受伤时,请尽快将伤口用防水的绷带包扎好。

8.每位员工都有保持和改进合作社干净整洁卫生环境的责任和义务。

C-11 农业作业风险评估报告

作业内容	潜在危害	发生率	损失程度	应对措施
1.调剂种子	有害生物传入	每5年调剂1次	造成产量损失5%	1.产地检疫合格才引入； 2.发现后立即消杀
2.耕作	A.耕作层浅	100%	1.土壤利用率低,产量损失20%； 2.土壤板结,产量逐年下降	加深耕作层至10～15cm,同时增施有机肥,活化土壤
	B.中耕耕作层过深	10%	产量损失70%以上	使中耕耕作层维持在10～15cm
	C.水土流失	斜坡,四周建有排水沟,无水土流失现象	0	
	D.机械作业中工作人员受创伤	10%	影响正常作业	对工作人员进行安全生产教育,严格按规程操作
3.施肥	A.N过量	50%	1.原料产量提高,但品质下降； 2.污染土壤、水源和空气	1.通过土壤监测,配方用N,逐步减少用量； 2.增施生物肥,改善土壤生态环境,消除N污染
	B.P危害	100%	生产磷肥的矿石中含有砷、镉、汞、铅等	增施生物肥,改善土壤生态环境,化解重金属污染
	C.有机肥	10%	未腐熟的有机肥污染土壤,滋生致病菌类	发酵处理,消除一切有害物并转化为有益生物菌群

附表(续)

作业内容	潜在危害	发生率	损失程度	应对措施
4.灌水	A.水灾	50年一遇	减产100%	有良好的排水设施可控制,并保持100%完好
	B.旱灾	10年一遇	减产70%~80%	灌水设施齐全,可随时浇灌
	C.水体污染	10%	降低原料品质	采取EM技术化解污染杂物
5.农药	A.高毒高残	0	0	国家已强制性停止生产和销售
	B.违禁农药	10%	污染原料	由合作社按标准统一采购、统一用药
	C.大量施用	30%	污染果品	做好病虫测报,由专家制订用药方案,控制用药,减少污染和危害
	D.膨大剂	80%	原料品质下降	禁止施用
6.农业废弃物	A.废农药瓶	30%	造成人类中毒,污染环境	由合作社统一收回,统一处理
	B.人粪便	100%	传播疾病	进行无害化处理
	C.畜禽粪便	100%	污染环境	加工生物肥,用以改善土壤生态环境
	D.生活垃圾	100%	污染环境	与畜禽粪便一起用于加工生物肥

参与评估人： 评估日期：

C-12 基地农事活动突发事故现场救助办法

事故类别	现场救助程序
机耕、机耙时机械挤伤、扎伤、碰伤或其他创伤	1.停止机械作业,把伤者移出现场; 2.轻伤就近取急救箱,清洗和包扎伤处,送基地卫生室治疗; 3.重症捆扎止血并拨打120急救电话,送往医院抢救
浇水时触电	1.立即切断电源; 2.呼吸和心脏跳动停止,立即做人工呼吸和胸外按压,不得注射强心针剂,同时拨打120急救电话; 3.电烧伤,就近取急救箱包扎,重者拨打120急救电话
中暑	1.有中暑反应者,立即停止劳务,到阴凉处休息。饮水或服用清凉药品; 2.中暑重者,将患者移至清凉通风处,解开外衣,用凉毛巾擦洗头面部,饮用清凉水和清凉药物,并拨打120急救电话
田间作业农药中毒和农药灼伤	1.立即停止作业,脱去工作服,就近用肥皂水洗手和脸,或冲洗污染部位15min; 2.拨打120急救电话送医院抢救,途中要注意观察中毒者的病症表现; 3.清理污染的容器、土壤,深埋地下
肥料库、农药库火灾	1.立即取灭火器灭火; 2.如火势有蔓延之势,立即拨打119火警电话; 3.清理现场,重新整理后再使用

C-13 产品追溯系统流程图

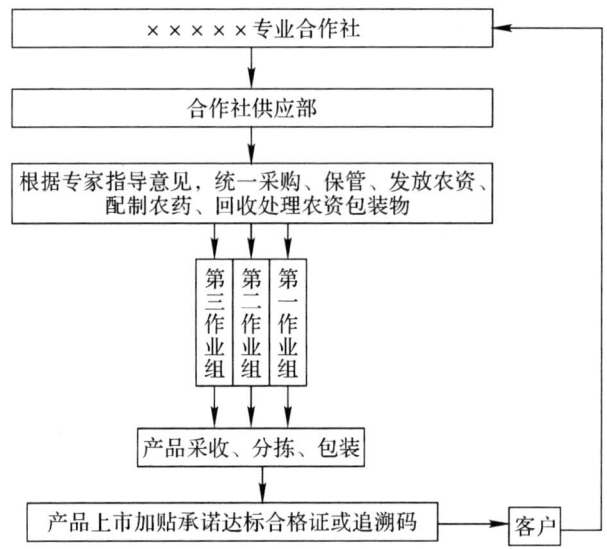

C-14 产品标识编码规定

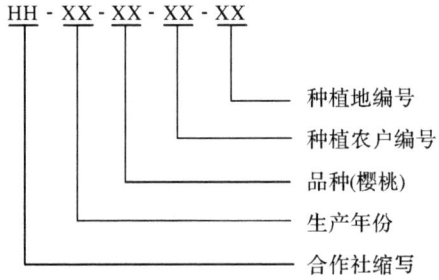

C-15 环境保护规程

1 保护耕地,采取用地与养地相结合的科学方法

1.1 实行测土和配方施肥,保持土壤的良好理化性状。

1.2 严格控制化学肥料和化学农药的使用量,增加有机肥和生物肥的使用量,保持土壤的可持续生产能力。防治病虫草害,以综合防治和生物防治为主,防止有害物质对土地的污染。

1.3 完善水利设施建设,确保旱能浇,涝能排,在基地周边和道路旁种树种草,增加植被,合理开发利用水源,防止水土流失。

2 保护水源

2.1 提水工具由专人保管,远离一切污染物。

2.2 防止杂物(空药瓶、药袋等)落入水源处水池内。

2.3 每年对水质进行监测,发现污染及时采取措施,改善水质。

2.4 水源处周边无污染源,根除生物污染、物理污染和化学污染。

2.5 禁止采用漫流、稀释、渗坑和其他方式排放有毒有害废渣。

3 合理处理各种废物和垃圾,防止污染环境

3.1 生产区不得存放垃圾。樱桃收获以后及时清理种植区内的一切杂物,运送到指定地点。

3.2 不得在生产区内和附近燃烧垃圾。垃圾务必进行无害化处理后方能循环利用。

3.3 居民生活区应保持良好卫生条件和建立居民安全保护措施,如卫生室、防火设备、通信设备等。

3.4 严禁向河流和其他水域倾倒垃圾、固体废弃物和其他有害废弃物,自觉保护和改善生态环境。

4 保护野生动植物和畜禽生存环境

4.1 饲养的畜禽务必远离种植区和生活区,建立健全的防疫保护体系。

4.2 加强保护自然工作,对具有代表性的各种类型的自然生态采取各种保护措施,严禁破坏。

C-16 关于职工福利的有关规定

1 工资

工资分配应当遵循按劳分配原则,同工同酬,单位支付劳动者的工资不得低于当地最低工资标准。每月支付不能以物代款。不得克扣或者无故拖欠劳动者的工资。劳动者在法定休假日和婚丧期间以及依法参加社会活动期间应依法支付工资。农户的收入从定向收购获得,多产多收。

2 年龄

劳动用工应符合国家劳动法或当地的法规规定,不能雇用16岁以下的未成年人务工。

3 工作时间和休息休假

3.1 实行8h工作制,平均每周工作时间不得超过40h,保证劳动者每周至少休息1d。

3.2 法律法规规定的:元旦、春节、国际劳动节、国庆节应安排劳动者休息。

3.3 因工作所需必须加班的,支付劳动者不低于正常工资的150%的工资报酬。

4 劳动安全卫生

4.1 合作社建立劳动安全卫生制度,严格执行国家劳动安全卫生规程和标准,不断地对职工进行劳动安全卫生教育,防止劳动过程中的事故,减少职业危害。

4.2 采取各种措施对职工进行培训,提高劳动者素质,增强劳动者的就业和工作能力;对紧急事件、突发事故处理程序和方法要进行培训,增强职工对各类事故的防范能力。

C-17 使用农药品种

1 推荐使用的高效低毒低残留农药品种

1.1 杀虫、杀螨剂

1.1.1 生物制剂和天然物质:苏云金杆菌、甜菜夜蛾核多角体病毒、银纹夜蛾核多角体病毒、小菜蛾颗粒体病毒、茶尺蠖核多角体病毒、棉铃虫核多角体病毒、苦参碱、印楝素、烟碱、鱼藤酮、苦皮藤素、阿维菌素、多曲古霉素、浏阳霉素、白僵菌、除虫菊素、硫黄悬浮剂。

1.1.2 合成制剂:溴氰菊酯、氟氯氰菊酯、氯氟氰菊酯、氯氰菊酯、联苯菊酯、氰戊菊酯、甲氰菊酯、氟丙菊酯、硫双威、抗蚜威、异丙威、速灭威、辛硫磷、毒死蜱、敌百虫、敌敌畏、马拉硫磷、乙酰甲胺磷、乐果、三唑磷、杀螟硫磷、倍硫磷、丙溴磷、二嗪磷、亚胺硫磷、灭幼脲、氟啶脲、氟铃脲、氟虫脲、除虫脲、噻嗪酮、抑食肼、虫酰肼、哒螨灵、四螨嗪、唑螨酯、三唑锡、炔螨特、噻螨酮、苯丁锡、单甲脒、双甲脒、杀虫单、杀虫双、杀螟丹、甲氨基阿维菌素、啶虫脒、吡虫脒、灭蝇胺、氟虫腈、溴虫腈、丁醚脲。

1.2 杀菌剂

1.2.1 无机杀菌剂:碱式硫酸铜、王铜、氢氧化铜、氧化亚铜、石硫合剂。

1.2.2 合成杀菌剂:代森锌、代森锰锌、福美双、乙磷铝、多菌灵、甲基硫菌灵、噻菌灵、百菌清、三唑酮、三唑醇、烯唑醇、戊唑醇、己唑醇、腈菌唑、乙霉威·硫菌灵、腐霉利、异菌脲、霜霉威、烯酰吗啉·锰锌、霜脲氰·锰锌、邻烯丙基苯酚、嘧霉胺、氟吗啉、盐酸吗啉胍、恶霉灵、噻菌铜、咪鲜胺、咪鲜胺锰盐、抑霉唑、氨基寡糖素、甲霜灵·锰锌、亚胺唑、春·王铜、恶唑烷酮·锰锌、脂肪酸铜、松脂酸铜、腈嘧菌酯。

1.2.3 生物制剂:井岗霉素、农抗120、菇类蛋白多糖、春雷霉素、多抗霉素、宁南霉素、木霉菌、农用链霉素。

2 禁用高毒高残留农药品种

2.1 国家明令禁止使用的农药:六六六、滴滴涕、毒杀芬、二溴氯丙烷、杀虫脒、二溴乙烷、除草醚、艾氏剂、狄氏剂、汞制剂、砷、铅类、敌枯双、氟乙酰胺、甘氟、毒鼠强、氟乙酸钠、毒鼠硅、甲胺磷、对硫磷(1605)、甲基对硫磷、久效磷、磷胺、苯线磷、地虫硫磷、甲基硫环磷、磷化钙、磷化镁、磷化锌、硫线磷、蝇毒磷、治螟磷、特丁硫磷。氯磺隆、胺苯磺隆、甲磺隆、福美胂、福美甲胂、三氯杀螨醇、林丹、硫丹、溴甲烷、氟虫胺、杀扑磷、百草枯、2,4-滴丁酯、甲拌磷、甲基异柳磷、水胺硫磷、灭线磷、乙酰甲胺磷、丁硫克百威、乐果、氧乐果。

C-18 基地职工培训方案

1 培训内容

1.1 GAP良好农业规范控制点及符合性规范。

1.2 基地卫生要求。

1.3 生产安全和突发事故应对措施。

1.4 合理施肥技术规程。

1.5 安全用药技术规程。

1.6 农事操作管理计划。

2 培训时间和地点

2.1 培训时间:每年春季、夏季2次培训班,要求与基地管理有关的人员参加,不定期由植保员到田间现场指导作业。

2.2 培训地点:理论课在合作社会议室进行,实际操作培训在基地进行。

3 培训办法

由合作社派专家或由植保员集中培训讲解。

附录 D4 全程控(CAQS-GAP)质量管理体系记录表格

文件编号：××/GAP-D-××××

良好农业规范

记录表格

第 A 版

编　制：＿＿＿＿＿＿＿＿＿＿＿＿＿＿＿＿＿＿＿

审　核：＿＿＿＿＿＿＿＿＿＿＿＿＿＿＿＿＿＿＿

批　准：＿＿＿＿＿＿＿＿＿＿＿＿＿＿＿＿＿＿＿

×××××专业合作社

20××年××月××日发布　　　　20××年××月××日实施

附 录

表1 文件发放登记表

No.: _____

文件名称					文件编号			
发放编号	接收部门	接收人	接收日期	发放编号	接收部门	接收人	接收日期	

表2 文件资料归档登记表

No.: _____

序 号	档案编号	档案名称	归档时间	送档人签字	档案员签字	存放位置	备 注

表3 文件资料借阅登记表

No.: _____

档案编号	档案名称	借用方式			借阅时间	借阅人签字	归还时间	接收状况	档案员签字
		查阅	复印	借出					

表4 文件作废申请表

No.: _____

序号	文件名称及编号(版本号)	作废日期	作废理由

申请人及日期： 　　　　　　　　　　　　　　单位负责人及日期：

表5　GAP内部审核报告

No.：＿＿＿＿＿＿＿

审核日期	
审核目的	
审核范围	
审核准则	
审核组	
审核综述	
审核评价与结论	
改进	
报告发放范围	

编制：　　　　　　　　　　核准：　　　　　　　　　　保存期：

表 6　不符合报告

No.：_____

受检查部门		部门负责人		检查日期	
不符合事实描述：					
· 上述不符合 GAP 总则　第____条款规定/GAP 果蔬控制点第____条款规定 · 上述不符合公司 GAP 体系文件之条款规定 · 上述不符合条款规定 　　检查员：_____　日期：_____　　　　受检查部门：_____　日期：_____					
原因分析： 　　　　　　　　　　　　　　　　　　　　　　　　责任人：_____　日期：_____					
纠正措施： 　　　　　　　　　　　　　　　　　　　　　　　　责任人：_____　日期：_____					
跟踪验证： 　　　　　　　　　　　　　　　　　　　　　　　　检查员：_____　日期_____					

表7　岗位设置一览表

No.：_____

序　号	岗位名称	职责权限	人员名单	备　注

表8　年度培训计划

No.：_____

序号	培训内容	培训方式	培训时间	培训老师	参加人员	备　注

表9　培训记录表

No.：_____

培训时间		主办部门	
培训地点		培训老师	
参加人员			
培训内容			

表 10 仪器设备台账

No.：_____

序号	部门	仪器设备编号	仪器设备名称	规格型号	生产厂家	出厂编号	购入日期	购入价格	存放位置	现况	使用人

表 11 仪器设备故障维修

No.：_____

仪器设备名称		规格型号	
仪器设备编号		生产厂家	
故障描述： 发现人：_____ 日期：_____			
维修描述： 维修人：_____ 日期：_____			
验收情况： 验收人：_____ 日期：_____			
备注			

表12　供方评定记录表

No.：_____

供方名称		地址	
电话/传真		联系人	
本基地主要采购产品			
供方简介及产品质量保证能力评价(附对其质量管理能力调查报告或体系认证证书及供方或顾客提供的其他证明资料，共____页) 供应部门签字：_____　日期：_____			
评定结论(是否列入合格供方名录)： 批准人签字：_____　日期：_____			
____年度	是否继续列入合格供方名录	批准	日期
____年度	是否继续列入合格供方名录	批准	日期
____年度	是否继续列入合格供方名录	批准	日期

表13　合格供方名单

No.：_____

序号	供方名称	供应的产品名称及类别	首次列入日期	评价表序号	年度复评结果

表14　种子(种苗)采购发放记录

名称：_____　　No.：_____

进货情况							领出				备注
日期	供货商	单位	数量	批号	生产经营许可证	质量合格证号	检验检疫合格证号	日期	数量	种植地块	领用人签名	

表15 抱怨处理单

No.：_____

抱怨单位/人		联系电话	
事实记录			
记录人		时间	
处理建议			
批准人		时间	
跟踪回访情况			
记录人		时间	

表16 分包方基地考核评价登记表

No.：_____

基地名称			主要负责人		
地址			联系电话		
联系人		传真		邮编	
登记时间			产品名称		
基地作物名称		GAP基地面积		产量	
隔离区作物名称		隔离区面积		产量	
自然环境条件					
作业形式					
考核评价结论					

表17 采购单

No.:_____

序号	物品名称	规格型号	数量/单位	单价	到货数量	备注

其他事项:

采购员:_____ 日期:_____ 批准人:_____ 日期:_____

表18 员工健康检查登记表

No.:_____

时间	姓名	地点	检查单位	健康情况

表19 基地基本情况记录表

No.:_____

基地名称			
基地地址		基地面积/m²	
基地负责人		联系电话		基地建成时间	
植保员		技术负责人	
灌溉水源			
周围环境情况			
前茬栽培主要作物			
土壤监测报告编号		报告日期		评定结论	
水质检测报告编号		报告日期		评定结论	
空气检测报告编号		报告日期		评定结论	

表20 农场(基地)历史记录

No.: _____

序号	土地/建筑名称	编号	数量	使用及历史情况					备注
				年度	用途	病(虫)害	用药史	其他	

用途填写:①作物类:如蔬菜、水果、水稻、棉花等,应说明病(虫)、用药史;②工业类:如化工厂、机械厂、纸厂等;③饲养类:如家禽等。

表21 基地风险评估报告

No.: _____

基地/地块		备案号		面积/m²		应用目标	
项目与内容	历史应用情况(工业/农业/饲养业/军事等用地)	周边环境与情况	识别的风险及原因	风险程度(高、中、低)	风险产生影响程度(量化)	预防与控制风险措施
1 土壤类型、侵蚀情况						
2.水源、水质、用水的可持续性、用水合法性						
3.军事活动						

通过评估,对应用目标:☐适宜 ☐不适宜
通过预防与控制风险措施后:☐适宜 ☐不适宜

表22 基地栽培计划表

年度：_____ No.：_____

基地名称		地块编号		面积/m²		负责人	
栽培(轮作)计划							
年度/季节		作物名称	播种/育苗期	栽培时期		采收时期	备注
灌溉计划							
田间管理计划							
植保计划							
施肥计划							
采收计划							

记录人：_____　　　　　　　　　　　保存期：_____年

表23　田间农事活动记录表

No.：_____

日期	地块/大棚号	品种名称	田间农事活动内容	面积/m²	天气状况	操作人	技术负责人	备注

注：田间农事活动包括耕地、起垄、种植、移栽、施肥、浇水、除草、施药、间苗、培土、掰叶、掰芽、疏花、疏果、采摘、收获等；天气状况主要记录温度、湿度、风力、降水等。

表24　化肥使用操作管理表

基地名称：_____　　作物名称：_____　　　　　　　　　　No.：_____

日期	地块/大棚号	面积/m²	肥料名称	用量/(kg/667m²)	氮、磷、钾含量/%	其他有效成分	有机质含量	使用方法	生产厂家	操作人员

填写事项：肥料使用方法包括基肥、追肥，成分填写通用名或化学式。

表25　农药使用操作管理表

基地名称：_____　　作物名称：_____　　　　　　　　　　No.：_____

日期	地块/大棚号	面积/m²	农药名称	有效成分及含量/%	用药量/g	用水量/L	防治对象	使用方法	施药器械	天气状况	施药人员	是否符合标准方案	更改标准方案理由及新方案可行性	植保员

表26　预测/灌溉计算记录表

No.：_____

地块号		面积/m²			作物名		
日期	作物需要灌溉量	降雨量/mm		蒸发量/mm	灌溉量体积/L	预计下次灌溉时间	是否伴随施肥	是否伴随用药
		预计	实际					

表27　基地灌溉记录

No.：_____

土　地			品　种	
面积/m²			种植时间	
田块号	时间	灌溉方式	水量/(kg/hm²)	操作人

表28　樱桃采收记录

基地：_____　No.：_____

采收日期	樱桃品种	批次号	地块		采收量		采收卫生/清洁					采收人员
			编号	面积/m²	单位	数量/kg	检查	人员卫生			工具/容器	车辆	
								采前	采中	采后			

说明：√：已检查、清洁、洗手、消毒；×：检查/清洁/消毒等没实施或不卫生。

表29 樱桃产品检测结果记录表

基地：_____ No.：_____

检测日期	樱桃品种	地块/大棚号	样品采集时间	检测仪器	检测执行标准	报告日期	检测报告编号	检测项目	标准值	检测值	结论	检测人

表30 樱桃销售记录

基地：_____ No.：_____

销售日期	樱桃品种	批次号	等级规格	数量	销售人	购买人	联系方式

表31 采收风险评估报告

No.：_____

采收活动	识别的风险及原因	风险程度（高、中、低）	若发生造成的后果（量化）	是否采取防范措施（注明所采用的措施）

表32 病虫草害检查记录

基地：_____ No.：_____

地块/大棚号	樱桃品种	病虫草害名称	检查日期	危害程度	是否采取措施	治理方法	检查/报告人	批准人	效 果

表33 投入品出入库记录表

No.：_____

品名		有效成分及含量		入库日期	
生产厂家		经销商		入库量	
出库量	出库日期	领用单位	领用人	用途（及所用地块号）	库存

表34 植保产品清单

No.：_____

产品名称	有效成分及含量	生产厂家	经销商	安全间隔期/d	中国MRL/(mg/kg)	进口国MRL/(mg/kg)

表35 肥料清单

No.：_____

序 号	肥料名称	肥料性质	氮、磷、钾含量	生产厂家	经销商	备 注

表36 剩余药液与药品空包装物处理记录

No.：_____

日 期	剩余药液名称	数量	空包装物名称	数量	处理地点	处理方式	操作人	联系电话	备 注

表37 植保产品使用器械清洁维护记录

No.：_____

器具名称/编号	使用日期	清洁方式	清洁日期/次数	保养项目/日期	维修项目/日期	清洗液的处理方法与处理记录	校 准	责任人

表38 防护服领用/清洗维护记录

No.：_____

防护用品	领用情况					清洗维护情况				备注
	日期	数量	领用人	使用人	用途	日期	清洗	维护	实施人	

表39 垃圾清洁和处理记录

基地：_____ No.：_____

日 期	垃圾地点编号	垃圾类别	处理方式	负责人	备 注

表40 基地员工名册

No.：_____

序号	姓名	性别	出生年月	学历	专业	职务/岗位	参加工作时间	家庭住址	电话	培训记录	证书及编号	备注

表41 外聘技术服务人员名册

No.：_____

序号	姓名	性别	出生年月	学历	资质	工作单位	培训经历	聘请职位	备注

表42　员工健康安全风险评估报告

No.：_____

活　动	存在的风险及原因	风险程度（高、中、低）	若发生造成的后果（量化）	是否采取防范措施（注明所采取的措施）

表43　会议签到表

No.：_____

会议名称				会议时间			
应到：____人；实到：____人				记录人			
序号	部门	职务	签名	序号	部门	职务	签名

表44　繁殖材料处理使用记录

No.：_____

地块/大棚号	种苗品种	种苗来源	防治对象	处理时间	药剂名称（包括剂型与含量）	用量	生产厂家	处理方式	处理人

表45　土壤熏蒸处理记录

No.：_____

地块/大棚号	处理时间	有效成分	用量	生产厂家	处理方法	操作人员

表46　基地环境保护计划表

No.：_____

行动	我们正在实施		我们将来实施		年份	基地地点	备注
	是	不是	是	不是			

表47　农场风险评估

No.：_____

农事活动	存在风险的原因	风险的严重性	风险的概率	是否需要采取防范措施（注明所采用的措施）

表48 基地土壤信息

No.：_____

区域名称				
区域范围				
土壤类型				
土质构成				
水源类型				
地下水位				
底下水质				
土壤耕作方式				
防土壤流失方式				
适宜性				
	保存期：_____年			

表49 农场(基地)历史记录

No.：_____

有机肥名称		评估目的	
日期		评估人员	
评估内容			
风险名称	严重性	发生概率	预防或控制措施
	保存期：____年		

表50　植保技术员资历证明

No.：_____

技术员姓名		相关培训(资历)	
培训地点		培训时间	
培训内容		结业时间	
结业证明			
保存期：___年			

表51　设备校准记录

No.：_____

设备名称	工作类型	校准方式	日　期	校准人
保存期：___年				

表52　器具设备卫生记录

No.：_____

器具	清洁时间	清洁方式	操作人	操作地点

表53 良好农业规范(GAP)认证内部检查表

良好农业规范(GAP)认证内部检查表

单位名称：_____××××专业合作社_____

检查时间：_____

检查人员：_____

产品名称：_____樱　桃_____

检查范围(基地或农户)：_____

农场基础、作物基础、果蔬检查表总控制点257个(1级：102个；2级：127个；3级28个)

一、农场基础(1级25个,2级21个,3级7个,共53个)

序号	控制点	符合性要求	级别	符合性	判定依据
1.1 记录的保存、内部检查/审核					
1.1.1	外部检查期间,农业生产经营者应能够提供所有要求的且至少保存2年的记录。特殊控制点规定应保存更长时间的记录除外	农业生产经营者在第一次检查后的文件记录至少保存2年,法律法规和某些特殊控制点要求保存更长时间的记录除外。全部适用(对于畜禽养殖,记录保存3年)	1级		
1.1.2	农业生产经营者或农业生产经营者组织应每年对照良好农业规范标准进行至少1次内部检查及审核	有书面记录证明,农业生产经营者每年对照良好农业规范标准,至少进行1次内部检查;农业生产经营者组织对每一个成员每年对照良好农业规范标准,至少进行1次内部检查,农业生产经营者组织应对组织的质量管理体系进行一次内部审核。应对执行情况进行记录	1级		
1.1.3	内部检查或农业生产经营者组织的内部审核中发现的不符合项应采取有效的整改措施	有记录证明农场针对发现的不符合项已制订并实施了有效的整改措施。全部适用	1级		
1.2 场所历史和管理					
1.2.1 场所历史					
1.2.1.1	应在每个生产环节或其他区域/场所建立记录系统,有畜禽饲养和(或)水产养殖和(或)其他农事活动永久性的记录。这些记录应按照顺序和日期进行保存并更新	现有记录应记载所有良好农业规范产品生产区域的历史。对于作物:申请方被初次检查前有至少3个月的完整记录,记录包括与良好农业规范文件要求相关的被检查作物覆盖的所有区域的农事活动;对于畜禽饲养和水产养殖的记录包括了至少1个生长周期。全部适用	1级		

附表(续)

序 号	控制点	符合性要求	级 别	符合性	判定依据
1.2.1.2	应在每块田地、果园、温室、院子、小块场地、畜舍或生产中使用的其他区域建立了一套参照系统并在农场规划图或地图上注明	在每块土地、温室、小块场地、畜舍和围栏或其他农场等设有可见的实物标识,并根据参照系统在农场的规划图或地图上进行标识	2级		
1.2.2 场所管理					
1.2.2.1	初次检查时,所有注册场所都应进行风险评估;后续检查时,当场所更换新址(包括租用土地)或现有场所的风险发生了变化时,应再次进行风险评估。评估时应考虑新场所的食品安全、员工健康、环境和动物健康,确保适合农业生产	初次检查时,所有注册场所都应进行风险评估;在选用新址引进的农作物、畜禽或水产养殖项目时以及原评估风险发生变化时,均应进行书面的风险评估。风险评估应重新考虑任何新的食品安全的风险。风险评估应重新考虑场所的历史(作物种植史/贮存史)并考虑邻近原料、农作物和环境的影响(参见附录A、附录B)	1级		
1.2.2.2	应制订农场管理计划以最大限度地降低已知风险	针对上述1.2.2.1所确定的风险制订相应对策,形成农场管理计划并实施。应记录分析结果并用于拟选地点的适宜性判定。该计划应包括以下方面内容:动植物生活环境质量、土壤板结、土壤侵蚀,适用时包括温室气体的排放、腐殖质平衡、氮磷平衡、化学植保产品的浓度	2级		

附表(续)

序号	控制点	符合性要求	级别	符合性	判定依据
1.3 员工健康、安全和福利					
1.3.1 员工健康和安全					
1.3.1.1	农场应有工作环境健康安全以及卫生状况的书面风险评估	书面的风险评估可以是通用的,但应适合农场的具体情况。风险评估每年应复审,且在组织发生变化时(如购入了新机械设备、建造了新的建筑、采用了新的植保产品、改变了种植方式等)进行更新。存在的风险如活动的机械部件、断电、电力设备、过度的噪声、灰尘、振动、极端气候、梯子、燃料存储等。全部适用	2级		
1.3.1.2	农场应有一套书面的健康、安全和卫生方针及操作规程,包括了1.3.1.1中风险评估的内容	健康、安全和卫生方针至少包括了1.3.1.1中风险评估确定的关键点,可以包括事故和紧急情况规程、卫生规程等,用于处理工作环境中已确定的风险。规程每年需要评估,当风险评估发生变化时此方针应进行重新评估和更新	2级		
1.3.2 员工培训					
1.3.2.1	应保存培训活动和参加人员的记录	保存了培训活动的记录,包括内容、授课人、日期和参加人员的记录,应有参加人员签到表	2级		
1.3.2.2	所有操作和(或)管理兽药、化学品、消毒剂、植保产品、生物杀灭剂和其他危险品的员工,以及操作1.3.1.1风险评估中定义的危险或复杂设备的员工都应持有资格证书和(或)其他详细的资质材料	仔细审查从事上述任务的员工相关的培训证书和培训记录,以及胜任此类工作的证明。全部适用	1级		

附表(续)

序 号	控制点	符合性要求	级别	符合性	判定依据
1.3.2.3	农场的所有员工应接受过与1.3.1.1风险评估相关的健康与安全的培训和指导	明确了员工的职责和任务,并且在检查和面谈过程中证实其相应能力。当检查时,需提供接受过指导和培训的证明。如农业生产经营者自己进行培训,需提供培训记录和培训材料证明其有能力进行培训	2级		
1.3.2.4	农场生产时,应有一定数量的(至少有1个)接受过急救方面培训的人员在场	当农场进行生产时,至少有1个在过去5年内接受过急救培训的人员在场,每50位员工至少配备1位接受过培训的人员。遵守适用的急救培训规程。农场生产包括在所有适用模块进行的一切活动	2级		
1.3.2.5	农场应有书面的卫生规程	卫生规程张贴在明显处,使用清晰的标识(图片)或员工通俗易懂的语言,规程内容包括: • 手的卫生要求; • 皮肤伤口的包扎; • 设有吸烟、饮食和喝水的特定限制区域; • 传染疾病的报告制度,出现疾病的症状(如呕吐、腹泻和黄疸增多)的人员应保证其不直接接触产品生产接触面; • 防护服使用	2级		
1.3.2.6	农场的所有员工应接受过1.3.2.5卫生规程相关的基础的卫生培训	卫生培训课程包括书面答题和口头回答,授课人要有资质,所有新员工应参加培训并通过培训签到表证明,培训内容应包括1.3.2.5中的规程。包括农业生产经营者和管理者在内的所有员工每年都应参加卫生规程培训并有签到表证明	2级		

附表(续)

序 号	控制点	符合性要求	级 别	符合性	判定依据
1.3.2.7	农场应执行卫生规程	感官评估,从事卫生规程中确定任务的员工应证明其具备了相应能力。全部适用	1级		
1.3.2.8	所有的来访者和分包商都应知道个人安全和卫生方面的要求	有证据表明,与来访者和分包商就公司要求来访者的个人健康、安全和卫生规程作了正式的交流。(在明显的地方张贴相关规程,以便所有的来访者和分包商都能看见)	2级		
1.3.3 危害和急救					
1.3.3.1	应有事故和紧急情况的处理规程,张贴于明显位置,与农场活动相关的所有人员都应知道	应有永久性的事故处理规程,清晰地张贴在附近可见的地点,规程使用通俗的语言和(或)图表,适用时规程应明确以下情况,如: • 与农场相关的地图或地址; • 联系人; • 及时更新的相关部门的电话号码(警察、急救、医院、消防、附近的健康急救点或可靠的交通、供水、供电)。 其他需明确的信息如下: • 最近的通信地点(电话、无线电); • 如何联系当地医疗机构、医院和其他急救服务(并应能表述以下信息:事故发生地、事故发生描述、受伤人数、受伤情况、求救人); • 灭火器的位置; • 存在的紧急情况; • 断水、断电、断气紧急情况的处理; • 事故和危险情况如何报告	2级		

附表(续)

序号	控制点	符合性要求	级别	符合性	判定依据
1.3.3.2	危险处应有明显的警示牌	有固定、清楚的危险警示牌以显示潜在的危害,如:废弃的深沟、燃料桶、车间、植保产品和肥料存放设施的门上或附近以及其他化学贮存设施和化学品处理过的作物,有警示标记。全部适用	2级		
1.3.3.3	必要时,应能对员工健康的突发性危险提供安全建议	必要时,确保采取适当的行动,确保可以获得有关信息(如:网站、电话号码、数据表等)	2级		
1.3.3.4	应在所有固定场所和工作区附近配有急救箱	根据国家法规和建议,在所有适当的地点设有急救箱,且箱内物品确保完整可以随时正常使用,并适于邻近工作区使用	2级		
1.3.4 防护服和(或)设备					
1.3.4.1	所有的员工、来访者和分包商应备有合身的防护服,并按法规和(或)说明书要求或在经授权的有资质人员的指导下使用	有整套性能良好的防护服(胶靴、防水服、防护连身裤、橡胶手套、面具、带有可更换过滤器的合适的呼吸辅助设备),并按法规和(或)说明书要求或在经授权的有资质人员的指导下使用,并处于良好的维护状态。必要时,提供适当的保护呼吸、眼睛和耳朵的设施和救生衣等	1级		

附表(续)

序号	控制点	符合性要求	级别	符合性	判定依据
1.3.4.2	防护服使用后应清洗和适当贮存,避免污染服装和设备	按使用种类和污染等级的规定,定期清洗防护服。清洗防护服及设备时应戴手套,并与个人服装分开洗涤;脏的、破损的防护服、设备及过滤器要按规定处理;一次性用品(如:手套等)不得重复使用,所有防护服及设备包括可更换的过滤器应与植保产品、其他可能污染防护服及设备的化学品分开存放,并存放在通风区域。全部适用	1级		
1.3.5 员工福利					
1.3.5.1	农场应指定1名管理人员对员工的健康、安全和福利问题负责	有文件明确指定了1名管理人员负责对员工的健康、安全和福利,使之符合相关的国家和地方法规要求	1级		
1.3.5.2	农场管理者与员工应定期举行双向交流会。应有相关的会议记录	每年至少计划和举行2次农场管理者与员工之间的会议,就经营、员工健康、安全和福利等有关问题进行公开讨论(不能恐吓、威胁或报复)。记录员工所关心的健康和福利问题,并保存会议记录。记录人员不必对记录内容的正确性或结果做出判断	3级		
1.3.5.3	应能够提供所有农场工人准确的总体信息	农场所有员工包括季节工和分包方的总体信息,有书面准确的记录,信息应包括:姓名、报到日期、雇用期限、正常工作时间、加班规定,记录所有员工(及分包方)的相关信息在第1次外部检查之后至少保存2年,对分包方的要求见1.3.6.1	2级		

附表(续)

序 号	控制点	符合性要求	级 别	符合性	判定依据
1.3.5.4	员工应有干净的食品贮存区、指定的休息区域、洗手和饮水设施	提供了食品贮存和饮食区、洗手设施和饮用水,并保持食品贮存和饮食区的洁净卫生	2级		
1.3.5.5	生活区应适于居住,并有相应的配套设施	农场内的生活区应适于员工居住,生活区有完好的屋顶、门窗,并且配有流动水、卫生间、下水道等基本设施。无下水道时允许使用密封的化粪池	2级		
1.3.6 分包方					
1.3.6.1	当农场采用分包方式,农场应提供分包方的相关信息	分包方应根据良好农业规范相关控制点的要求,对其为农场提供的服务(包括1.3.5.3)进行评估(或农业生产经营者代表分包方评估),良好农业规范外部检查时分包方应提供评估报告,并接受良好农业规范检查员对评估产生怀疑时的现场检查。农业生产经营者负责监督检查分包方对控制点要求的执行,并签署分包方每项任务和季节合同执行的评估报告。当分包方由经过许可的良好农业规范认证机构进行评估时,农业生产者/组织应得到包含以下信息的报告: · 进行评估的时间; · 认证机构名称; · 检查员姓名; · 分包方的具体信息; · 由分包方进行操作所对应的控制点和符合性要求	2级		

附表(续)

序 号	控制点	符合性要求	级别	符合性	判定依据
1.4　废弃物和污染物的管理、回收与再利用					
1.4.1　废弃物和污染物的确定					
1.4.1.1	在所有的生产场所,任何可能生成废弃物的产品和污染源应经过确认	应对农场生产过程中所有可能形成废弃物的产品(如纸张、纸板、塑料、油等)和污染源(如:过多的肥料、病鱼和死鱼、清洗时产生的海藻等)列出清单	2级		
1.4.2　废弃物和污染物处理计划					
1.4.2.1	应有书面计划以避免或减少废弃物和污染物的产生。计划应包括配备足够的废弃物处理设备	应提供一个全面的、现行的、书面的行动计划,包括减少废弃物和污染的产生,废弃物的回收利用等内容。空气、土壤、水、噪声、光的污染都应考虑	3级		
1.4.2.2	所以废弃物应得到清理	感官评估,废弃物处理区无有害生物滋生地,且不靠近农产品和产品贮存区。在固定区域因当天工作产生的临时的少量垃圾和废弃物是允许的,大量的垃圾和废弃物应及时清除,包括溢出的燃料。室内的农产品处理区至少每天清理1次	1级		
1.4.2.3	如果没有携带疾病的风险,那么有机的废弃物可在处理之后用于农场施肥用于改善土壤状况	有机的废弃物用于农场施肥或用于改善土壤状况时,应通过有效处理排除携带疾病风险	3级		

附表(续)

序号	控制点	符合性要求	级别	符合性	判定依据
1.5 环境保护					
1.5.1 农事活动对环境和生物多样性的影响					
1.5.1.1	农场应有野生动植物的管理计划和保护方针,并了解农事活动对环境造成的影响	建立旨在改善栖息地、增加农场生物多样性的书面行动计划,可以是区域性的活动或单独的计划,农场应参与其中,计划内容包括病虫害综合防治知识、作物养分的利用和场所保护,水源供给以及对其他农户的影响	2级		
1.5.1.2	农业生产经营者应考虑改善环境以益于当地社区和动植物	农业生产经营者应通过在农场采取主动和实际的行动或加入积极支持环境方案的组织来证实。查看动植物生活环境质量和环境因素	3级		
1.5.1.3	保护管理计划应符合商业性农业生产的可持续性,并且应使农事活动对环境的影响降到最低	该保护管理计划的内容和目标要说明符合农业生产的可持续性,并且证明能够降低对环境的影响	3级		
1.5.2 非生产区					
1.5.2.1	应考虑到把非生产区(例如:低洼的湿地、林地、畦头未耕地、贫瘠土地)转换成动植物自然保护区	应有一份在可行时把非生产区和对生态系统优先考虑的确定区域转化成动植物保护区的计划	3级		
1.5.3 有效使用能源					
1.5.3.1	农业生产经营者应能监控能源的使用	有能源使用记录。如:选择节约能耗的设备。应尽可能使用可再生的能源	3级		

附表(续)

序号	控制点	符合性要求	级别	符合性	判定依据
1.6 抱怨					
1.6.1	应有针对良好农业规范标准符合性问题的抱怨表格	农场能够提供一份明确的对良好农业规范标准符合性问题抱怨的文件资料。全部适用	1级		
1.6.2	抱怨程序应能确保这些抱怨的内容被充分记录、研究和跟踪(包括采取措施的记录)	当发现按照良好农业规范标准提供的产品或服务存在不足而提出抱怨时,所采取的相应措施应形成文件。全部适用	1级		
1.7 可追溯性					
1.7.1	所有农业生产经营者应有书面的召回程序,明确如何管理/启动程序从市场上召回或撤回认证的产品。每年应对该程序进行验证	所有农业生产经营者应有书面的召回程序,明确导致召回/撤回的事故种类、做出产品召回/撤回决定的负责人、告知消费者和良好农业规范认证机构(如果制裁不是由认证机构签署的且农业生产经营者或农业生产经营者组织召回/撤回产品不是出于自愿)的机制、收集存货的方法。该程序应每年验证,保证其有效性,验证过程需要进行记录	1级		
1.8 食品保护					
1.8.1	建立并有效实施食品防护计划以控制识别的食品防护风险	应识别并评估每个操作阶段的食品安全危害,以保证所有投入品是安全的且来源可靠。应提供所有雇员和分包者的信息,应有防止可能发生的蓄意危害的纠偏行动程序	1级		

附表(续)

序号	控制点	符合性要求	级别	符合性	判定依据
1.9 良好农业规范认证状态					
1.9.1	所有销售文件应包含良好农业规范认证状态的信息(已认证/非认证)	发票、收据或者其他销售文件应包含产品的良好农业规范认证状态。全部适用	1级		
1.9.2	所有的生产者应与其直接客户签订合同,避免注册号被误用	生产者应与其直接客户(如:包装商、出口商、进口商等)签订避免注册号被误用的合同。客户遵循追溯性和贴标的良好规范(如既不将生产者的注册号贴在其他生产者的产品上,也不混合生产者的认证产品和其他非认证产品,然后标示生产者的注册号)。全部适用	2级		
1.10 标志使用					
1.10.1	良好农业规范的文字、标志以及注册号的使用应按照《良好农业规范认证实施规则》和认证协议执行	良好农业规范的文字、标志以及注册号的使用应按照《良好农业规范认证实施规则》和认证协议执行。在非零售产品的包装、产品宣传材料、商务活动中允许使用良好农业规范认证标志	1级		
1.11 可追溯性与隔离(注册了平行生产/平行所有权的申请方应满足要求)					
1.11.1 平行生产/平行所有权(同时生产和/或拥有认证与非认证产品时适用)					
1.11.1	建立追溯体系以确保源自认证的产品在生产的各个阶段能够识别	所有源于认证的和非认证的产品在生产的各个阶段能够清晰地识别,以追溯其来源。对认证和非认证产品应进行隔离,以防止与非认证产品混淆。良好农业规范认证产品的销售不能混有非认证产品。全部适用	1级		

附表(续)

序 号	控制点	符合性要求	级别	符合性	判定依据
1.11.2	应建立标识系统,以确保所有经过认证的终产品被正确地标识	所有准备销售的终产品(无论是收获后直接销售还是经过农产品处理后销售)都应标识证书持有者的注册号	1级		
1.11.3	应有程序和现场的作业指南来保证只有已认证的产品被配送以满足购买认证产品的订单	应有并执行程序和作业指南以确保只有已认证的产品被配送以满足购买认证产品的订单。全部适用	1级		
1.11.4	所有销售记录,应显示证书持有者的注册号以及良好农业规范的认证状态	发票、收据或者其他相关的认证产品销售文件应包含证书持有者的注册号并显示产品良好农业规范认证状态。全部适用	1级		
1.11.5	所有认证和非认证产品的销售信息应进行记录	认证和非认证产品的销售信息应进行记录,特别关注卖出产品的数量和描述。文件内容应和实际认证与非认证产品的结存情况以及出入库的情况相一致。全部适用	1级		
1.11.6	应具有适合的识别程序和记录以区分不同来源的产品的出入库情况	应建立文件化程序并得到保持,涉及的操作应能区分来自不同来源的产品(其他生产者或者是其他生产单元)。记录应包含以下内容: • 产品出入库情况的描述,包括产品代码、名称或者其他可以识别的标志以及良好农业规范认证状态; • 入库的数量; • 外购产品供应商,如供应商非销售商,则产品的销售应得到识别; • 外购良好农业规范认证产品的证书副本; • 购买订单号、合同、发票/收据以及经批准可购买的产品的清单; • 原料和成品的仓储记录,适用时包括年度仓储出库结果; • 收到的出售订单以及出具的收据/发票。 全部适用	1级		

附表(续)

序号	控制点	符合性要求	级别	符合性	判定依据
1.11.7	认证与非认证产品的入库信息应进行记录和汇总	出入库及库存的认证和非认证产品数量(体积或重量)应进行记录。需要时,应能提供具有上述信息的清单。全部适用	1级		
1.11.8	投入产出比需进行计算及控制	处理过程的投入产出比(如改变包装规格时数量上的变化以及采收产品到终产品过程中产生的损耗等)需进行计算。全部适用	1级		

【备注】符合性:是——完全满足控制点的要求,在备注栏填写客观证据;否——没有满足控制点的要求;不适用——此条款不适用该农业生产者联合组织,需在不适用及判断依据栏填写不适用的理由。

二、作物基础(1级35个,2级77个,3级12个,共124个)

序号	控制点	符合性要求	级别	符合性	判定依据
1.1 可追溯性					
1.1.1	产品可追溯到种植的注册农场(和其他相关的注册地区),且能够从农场追踪到直接客户	有文件化的追溯体系确保注册农场生产的产品可追溯回农场或农业生产经营者组织,并由农场追踪到直接客户。每一批产品的收获信息应和生产记录或具体生产者的农场相联系。如果有处理过程还应包括农产品处理信息。全部适用	1级		
1.2 繁殖材料					
1.2.1 质量和健康					
1.2.1.1	应有保证种子质量(无有害生物)的文件	有种子质量、品种纯度、名称、批号和销售商的记录或证书	3级		

附表(续)

序 号	控制点	符合性要求	级 别	符合性	判定依据
1.2.1.2	购买的繁殖材料应有质量保证书或生产合格保证书	应有证明繁殖材料满足预期目标的记录,如质量保证书、交货条件或确认书。进境繁殖材料符合相关法律法规的要求	2级		
1.2.1.3	应将植物质量控制系统用于室内育苗繁殖	应有包括病虫害监控体系在内的质量控制系统,保持并更新记录。监控体系还包括母本的鉴别或源作物的种植地的相关记录。如培育的树苗或植株仅自用(不出售),有上述要求即可。如使用了根茎,应特别关注根茎来源的相关证明文件	2级		
1.2.2 对病虫害的抗性					
1.2.2.1	选择对病、虫害具有抗性或耐性的品种	可证明种植品种对病、虫害具有抗性或耐性	2级		
1.2.3 化学处理和包衣化学处理和包衣(如不使用化学处理和包衣则不适用)					
1.2.3.1	应有购买的繁殖材料化学处理的记录(如种子、根茎)	如生产者对购买的繁殖材料进行处理,应有相应记录,包括使用的植保产品名称及其靶标(虫害和/或病害)。如出于贮存目的,对繁殖材料进行处理,应保留所使用的植保产品的相关证据	2级		
1.2.3.2	繁殖期间,应对室内育苗过程中植保产品的使用情况进行记录	室内种苗繁殖期间,如果使用了植保产品进行处理,应有相应记录并按照4.8.2中的要求进行记录。如有室内育苗,则全部适用	2级		

附表(续)

序 号	控制点	符合性要求	级 别	符合性	判定依据
1.2.4	播种和(或)定植				
1.2.4.1	应记录播种(或定植)率、播种(或定植)日期的记录	保留播种(或定植)率、播种(或定植)日期的记录并可随时提供	2级		
1.2.5	转基因作物(如未使用转基因品种,则不适用)				
1.2.5.1	转基因作物的种植应符合相关法律法规规定	注册的农场有相关法律法规的文本及其符合规定的证明。保留了特定的基因修饰和(或)专门标识的记录,并听取相关种植管理部门的建议。如有转基因作物,则全部适用	1级		
1.2.5.2	应有文件证明种植、使用和生产的注册产品源自转基因技术	如果是转基因产品,具有该产品种植、使用或生产的记录	2级		
1.2.5.3	应将产品的转基因状况告知直接客户	提供与客户沟通的书面证据。如有转基因作物,则全部适用	1级		
1.2.5.4	应对转基因材料(如作物和试用品)实施风险评估并制订管理方案使风险降到最低,例如对邻近的非转基因作物的意外污染控制和产品的纯度保持	根据初步风险评估结果(或表明应用了风险评估),证明已采取相应措施防止意外污染。如有转基因作物,则全部适用	2级		
1.2.5.5	为防止意外污染,转基因作物应与其他作物分别处理和贮存	为确保产品纯度,转基因作物贮存时,对其贮存状况进行了感官评价。如有转基因作物,则全部适用	1级		

附表(续)

序号	控制点	符合性要求	级别	符合性	判定依据
1.3　场所历史和管理					
1.3.1　轮作					
1.3.1.1	1年生作物宜有适当的轮作	可通过作物种类、种植日期和(或)植保产品的使用记录证明轮作情况	2级		
1.4　土壤管理					
1.4.1　土壤耕作图					
1.4.1.1	农场宜有土壤耕作图	土壤耕作图包括了每个地块的土壤类型(基于土壤剖面或土壤分析或区域土壤类型图)	3级		
1.4.2　耕作					
1.4.2.1	为避免土壤板结,宜采用适当方法保持或改良土壤结构	耕作的方法适合该地块	2级		
1.4.3　水土流失					
1.4.3.1	采用的耕作技术应能够降低水土流失发生的可能性	应有现场或书面材料证明采取了防止水土流失的措施。如在斜坡上使用十字线技术、在边界造排水系统、种草、种树等	2级		
1.5　肥料的使用					
1.5.1　营养要求					
1.5.1.1	肥料的施用应与作物和土壤状况的特定需求相适应,同时将对非目标物种或作物、环境、地表水和地下水的影响降到最低	证明已考虑了作物的营养需要、土壤肥力和土壤残留养分,应提供分析记录和(或)具体作物营养需求的材料。全部适用	2级		

附表(续)

序 号	控制点	符合性要求	级 别	符合性	判定依据
1.5.2	肥料数量和类型的使用建议				
1.5.2.1	当由外聘农技人员指导肥料的施用(包括有机肥和化肥)时,外聘农技人员应具有相关资质和能力	有书面材料证明外聘的农技人员接受过专门的培训,标明其有能力正确指导肥料的施用	2级		
1.5.2.2	当由内部农技人员指导肥料的施用时,内部农技人员应有肥料使用的知识和能力	通过文件(如:参加产品的技术讲座,专门的培训)或使用工具情况证明负责肥料施用的内部人员具有相应的技术能力和水平	2级		
1.5.3	施肥记录				
1.5.3.1	应记录施肥的耕地、果园或温室的有关信息	保持所有施肥记录,包括施用肥料的耕地、果园或温室的面积、名称或相关信息。同样适用于水培情况和液肥的使用。全部适用	2级		
1.5.3.2	应记录所有肥料施用的日期	文件记录了肥料施用的日期。全部适用	2级		
1.5.3.3	应记录所有肥料施用的类型	文件记录了所有施用肥料的商品名、类型(如氮肥、磷肥、钾肥)和有效成分含量。全部适用	2级		
1.5.3.4	应记录所有肥料的施用量	文件记录了所有肥料的施用量或体积,允许推荐用量和实际用量不一致。全部适用	2级		
1.5.3.5	应记录所有肥料的施用方法	文件记录了施肥机械类型和施肥方法。全部适用	2级		
1.5.3.6	应记录操作人员的情况	记录所有配制和施用肥料的人员姓名。如果同一个人配制并施肥,可只记录1次。全部适用	2级		

附表(续)

序 号	控制点	符合性要求	级 别	符合性	判定依据
1.5.4 施肥机械					
1.5.4.1	施肥机械应保持良好状态,每年校验以确保其准确性	有维护记录(如维护日期和维护类型)或购买施肥机械配件的发票。每年至少由专业公司、设备供应商或者农场的技术负责人对施肥机械进行1次校准,应保留校准记录	2级		
1.5.5 肥料的贮存					
1.5.5.1	应能够提供最新的肥料库存清单	库存清单标明了存货的种类和数量,每3个月至少更新1次库存清单	2级		
1.5.5.2	肥料和植保产品应分开贮存	肥料和植保产品应分开贮存,采用物理隔断(墙、护墙板等)的方式以防止交叉污染。如有与植保产品共同使用的液肥时,允许在密封状态完好的情况下与植保产品贮存在一起	2级		
1.5.5.3	肥料贮存区域应有遮盖	贮存区域有相应设施防护肥料不受阳光、雾气或雨水等因素影响。使用的覆盖物应基于风险评估的结果(如肥料类型、天气状况、临时贮存时间等)。石灰和石膏肥可贮存在田间。桶装液肥可存放在室外,存放的要求应符合安全要求	2级		
1.5.5.4	肥料贮存区域应洁净	肥料的贮存区域无废弃物,无鼠害,渗漏和泄露物已清除干净	2级		

附表(续)

序号	控制点	符合性要求	级别	符合性	判定依据
1.5.5.5	肥料贮存区域应干燥	肥料贮存区域通风良好,能够防止雨淋,避免贮存密度过大。不可直接存放在地面上	2级		
1.5.5.6	肥料应以适当的方式贮存,从而降低污染水源的风险	所有肥料的存放应将对水源污染的可能性降到最低,如液肥贮存应设有防护(根据国家或地方法规的要求贮存,如没有相应的规定,则贮存能力应为最大贮藏量的110%),并考虑了河道和洪水污染的风险等	2级		
1.5.5.7	有机肥料贮存应适当,以降低污染环境、影响人类和动物安全的风险	有机肥料应贮存在指定区域。采取适当措施防止有机肥料对地表水的污染或者将有机肥料贮存到离河道至少25m以外的区域	2级		
1.5.5.8	有机肥料和化肥应与采收产品及植物繁殖材料分开贮存	有机肥料和采收产品及植物繁殖材料应分开贮存	1级		
1.5.6 有机肥料(不施用有机肥料则不适用)					
1.5.6.1	禁止使用人类生活的污水淤泥和城市垃圾	不使用人类生活的污水淤泥和城市垃圾。全部适用	1级		
1.5.6.2	使用前,应对有机肥料的来源、性质和用途进行风险评估	有文件证明对有机肥料的潜在危害进行了分析,如疾病传播、杂草种子含量、堆肥方法、重金属含量、施用的时机、施用的部位(直接接触可使用部分或是施用于植株基部)等。风险评估中包括了沼气中基底成分符合国家有关规定的内容。参见附录A	2级		

附表(续)

序 号	控制点	符合性要求	级 别	符合性	判定依据
1.5.6.3	宜对使用的有机肥料的营养成分进行分析	有书面记录证明对所用有机肥料的氮、磷、钾含量进行了分析或者能提供公认的标准养分值	2级		
1.5.7　养分含量					
1.5.7.1	购买的肥料应有营养成分(如氮、磷、钾)说明	应有购买肥料的氮、磷、钾营养成分含量说明记录,或者能提供公认的标准养分值。适用于近12个月按良好农业规范标准种植的作物所施用的全部肥料	2级		
1.5.7.2	购买的肥料应有化学成分(包括重金属)说明	成分说明应详细记录所有肥料的化学成分(包括重金属),适用于近12个月按良好农业规范标准种植的作物所施用的全部肥料	3级		
1.6　灌溉和(或)施肥(不进行灌溉时不适用)					
1.6.1　预测灌溉需求					
1.6.1.1	宜使用系统的预测方法计算作物的需水量	提供计算结果并有相应支持性数据,包括雨量计、基质排水量测试仪器、蒸发计、土壤水分张力计和土壤耕作图	3级		
1.6.2.1	应采用有效的、经济的供水系统,以确保最佳水资源利用率	感官评估,所用的灌溉系统是高效的。生产者应在技术条件以及经济许可的情况下使用最有效的灌溉系统,同时符合当地水资源使用的法律法规要求	1级		
1.6.2.2.	宜有水资源管理计划,优化水的使用并减少水的浪费	有书面的水资源管理计划,并列出水资源管理的方法及步骤	3级		

附表(续)

序 号	控制点	符合性要求	级 别	符合性	判定依据
1.6.2	灌溉和(或)施肥方法				
1.6.2.3	宜保留灌溉用水记录	记录包括灌溉日期和灌溉量。如果按照灌溉程序操作,记录中包括计算的和实际的灌溉用水量	3级		
1.6.3	灌溉用水的质量				
1.6.3.1	禁止使用未经处理的污水进行灌溉和(或)施肥	未经处理的污水和从工业废水中再生的水不能用于灌溉和(或)施肥。处理后的灌溉用水质量符合我国有关规定和(或)WHO《农业和渔业废水和排泄物安全使用指南》的要求。参见 GB/T 20014.2—2013 B.6 水的评估。全部适用	1级		
1.6.3.2	每年应对灌溉和(或)施肥用水进行风险评估	风险评估考虑了各种来源的灌溉或施肥用水中潜在的微生物、化学和物理污染。风险评估还应至少覆盖下列内容:灌溉方法、灌溉的时机、灌溉的植株的部位、水质分析频率、水源情况、污染物的来源和感病情况、灌溉水的出水源头环境、灌溉的作物。灌溉的作物应考虑: • 可以生食且无须剥皮食用的作物; • 可以生食且无须剥皮食用或有病菌污染历史的作物; • 可以生食且无须剥皮食用或无显著病菌污染历史的作物; • 不能生食的	2级		

附表(续)

序号	控制点	符合性要求	级别	符合性	判定依据
1.6.3.3	灌溉用水水质分析频率应符合风险评估(4.6.3.2)的要求	灌溉用水分析频率应结合风险评估的结果,风险评估应考虑作物的特性。水样应取自灌溉系统的出水口或尽量接近出水口的取样点	2级		
1.6.3.4	基于风险评估结果,当灌溉水存在微生物风险,则需考虑相应检测	基于风险评估结果进行的微生物污染检测,应由有资质的实验室进行检测并保留结果	2级		
1.6.3.5	水质检测宜由有资质的实验室实施	检测实验室提供相应材料,证明其检测能力应符合 GB/T 27025 或同等标准的要求证明	2级		
1.6.3.6	基于风险分析的结果,在下茬作物收获期前,对出现的异常情况采取措施	记录了采取的措施及处理结果	3级		
1.6.4 灌溉和(或)施肥用水的供应					
1.6.4.1	为保护环境,应从可持续的水源取水	可持续的水源是指在正常(平均)条件下能够提供足够用水的水源	2级		
1.6.4.2	适当时宜征求主管部门的取水建议	适当时宜有主管部门对此项目的书面交流信息(如:信件、许可证等)	2级		
1.7 有害生物综合管理(IPM)					
1.7.1	宜使用认可的有害生物综合管理技术	有证据表明使用了适用的有害生物综合管理技术	3级		

附表(续)

序号	控制点	符合性要求	级别	符合性	判定依据
1.7.2	应通过培训和指导的方式帮助有害生物综合管理的实施	由外部人员帮助培训指导,则应有书面材料证明其有相关资质并接受过专门培训,有能力正确指导有害生物综合管理的实施。由生产者自己实施,应能证明负责有害生物综合管理的内部人员具有相应技术水平和使用工具能力	2级		
1.7.3	生产者应证明至少已采取了一种"预防性"的措施	生产者应证明至少采取了作物轮作、消除有害生物和土壤管理等行动,包括采用的栽培方法能够降低有害生物侵袭的范围和程度,从而降低干预的使用。参见附录B	1级		
1.7.4	生产者应证明至少已采取了一种"预测预报"措施。	生产者应证明至少采取了一种行动,如常规的定期检查有害生物对作物的影响、鉴别和检查有害生物天敌出现的时间和程度、使用信息素和其他相关诱捕系统进行监控,并根据这些信息采用了有害生物管理技术。参见附录B。	1级		
1.7.5	在采用化学防治之前,至少已经采取一种非化学防治方法	生产者应证明只有在有害生物的侵袭已影响到作物的经济价值时,才使用特定的有害生物控制措施,如选择性地使用植保产品,使用的方法应尽可能降低抗性产生的风险。如有可能,应考虑非化学方法,如使用天敌和采用经济的生物方法,也可使用其他方法(如:机械或诱捕等)控制有害生物。参见附录B	1级		

附表(续)

序 号	控制点	符合性要求	级 别	符合性	判定依据
1.7.6	如使用植保产品防治有害生物,应为最低推荐使用量	已记录植保产品的使用理由、靶标和阈值。全部适用	2级		
1.7.7	为防止产生抗药性,应按照使用说明进行操作	多次使用植保产品时,有证据表明遵循了说明书上防止抗药性的建议	2级		
1.8 植保产品(如不涉及植保产品使用,则以下条款不适用)					
1.8.1 植保产品的选择					
1.8.1.1	使用的植保产品应经国家登记许可,并被批准用于种植的作物	使用的植保产品经国家登记许可。全部适用	1级		
1.8.1.2	使用的植保产品应与产品标签推荐的靶标相一致	针对病、虫、草害或靶标,根据产品标签和有关规定选用适合的植保产品。全部适用	1级		
1.8.1.3	应保留使用的植保产品的购货凭证,并记录购货渠道	有植保产品购买的地点、时间和购货凭证,并保留生产商相关信息	2级		
1.8.1.4	应保留最新的国家批准的用于种植作物上的植保产品的清单	有批准用于农场中种植的或过去12个月内种植过的认证作物上的植保产品(包括有效成分和作用的生物)的商品名清单	2级		
1.8.1.5	保留的植保产品清单应考虑国家和(或)地方的植保产品法规的变化	保留的清单已根据最新的植物保护法规的变化进行适时更新。全部适用	2级		
1.8.1.6	不使用禁用的化学品	应有记录证实近12个月内未使用我国和产品消费地禁用的化学品	1级		
1.8.1.7	负责选择植保产品的农技人员应能胜任相应的工作	应表明负责选择植保产品的技术人员能胜任相应的工作,可通过资格证书或专门培训证书证明	1级		

附表(续)

序 号	控制点	符合性要求	级 别	符合性	判定依据
1.8.1.8	农场技术人员自己选择植保产品时,其能力和水平应符合要求	应表明负责选择植保产品的农场技术人员能胜任相应的工作,可通过技术文件或参加过专门培训的经历证明	1级		
1.8.1.9	植保产品的用量应按照标签的说明并准确计算、配制和记录	植保产品的用量应按照标签的说明准确计算、配制,并予以记录。全部适用	2级		
1.8.2 使用记录					
1.8.2.1	应记录植保产品处理的作物名称和品种	有植保产品处理作物的名称和品种的记录。全部适用	1级		
1.8.2.2	应记录植保产品的使用地点	有植保产品处理的作物所在的耕地、果园或温室面积和名称的记录。全部适用	1级		
1.8.2.3	应记录植保产品的使用日期	有植保产品使用日期的记录。如使用时间超过1d,应记录使用结束的日期。全部适用	1级		
1.8.2.4	应记录使用的植保产品的商品名和有效成分	有所有使用的植保产品的商品名和有效成分的记录。应将商品名和有效成分结合起来。全部适用	1级		
1.8.2.5	应记录植保产品的使用人员	记录中应有所有植保产品使用人员信息。全部适用	2级		
1.8.2.6	应记录植保产品的使用理由	植保产品使用记录应有处理的病害、虫害或杂草名称和学名,如果使用通用名,应与标签上的名称相关联。全部适用	2级		
1.8.2.7	应有植保产品使用的技术授权记录	记录中有指导使用植保产品的技术负责人员的签字和使用某种植保产品的决定及其剂量。全部适用	2级		

附表(续)

序号	控制点	符合性要求	级别	符合性	判定依据
1.8.2.8	应记录植保产品的使用量	记录了所用的植保产品的体积或重量,使用国家认可的计量单位,使用方法见GB 3100。全部适用	2级		
1.8.2.9	应记录植保产品的施用机械	记录使用机械的类别(不同设备分别标出)、施用方法(如:背负式、超低容量喷雾、通过灌溉系统、喷粉、喷雾、喷气或其他方法)的记录。全部适用	2级		
1.8.2.10	应记录植保产品的安全间隔期	记录植保产品安全间隔期(如植保产品标签没有安全间隔期数据,则数据信息来源应可靠)的记录。全部适用	1级		
1.8.3 安全间隔期(不适用于花卉和观赏性植物)					
1.8.3.1	使用的植保产品应遵守安全间隔期	生产者建立书面程序,证明使用的植保产品遵守了安全间隔期的要求(如记录植保产品的使用日期和作物的收获日期),尤其是在连续收获的情况下,现场应有适当的措施(如:警示标识、施用时间等)确保田地、果园或温室中彻底遵守了安全间隔期,见1.8.6.4,全部适用,花卉和观赏性植物除外	1级		
1.8.4.1	为保证施用量的准确,使用的设备应处于良好状态并每年校验	植保产品施用设备应处于良好的状态,保存所有维修、换油等维护证据。参见附录C中关于施用设备的感官检验和性能检测的符合性要求。确保近1年中,植保产品施用设备(自动和手动)经过了校验以保证有效运行。校验应在有效的方案下进行或校验人员可证明其胜任该工作。全部适用	2级		

附表(续)

序号	控制点	符合性要求	级别	符合性	判定依据
1.8.4	施用机械				
1.8.4.2	如有独立的校准检定计划,生产者宜参加该计划	有文件证明生产者参加了独立的校准检定计划	3级		
1.8.5	剩余药液的处理				
1.8.5.1	剩余药液或清洗废液的处理应不危及食品安全和环境	剩余药液或清洗废液应按照国家或地方法规进行处理。如无法规,则根据1.8.5.2和1.8.5.3进行了处理。全部适用	1级		
1.8.5.2	处理剩余药液或清洗废液,宜施用于未施药的作物,且不超过推荐的使用剂量,并进行记录	当剩余药液或清洗废液用于尚未施药的作物时,有证据证明未超过标签上的推荐剂量,记录应与施用植保产品所做记录要求相同	3级		
1.8.5.3	处理剩余药液或清洗废液,宜施用于指定的休耕地,并进行记录	当剩余药液或清洗废液用于指定的休耕地时,证明此操作的合法性并保持记录,记录应与施用植保产品所做记录要求相同,同时避免对地表水的污染	3级		
1.8.6.1	农场或其顾客能够证实已获得其产品消费地的信息和市场的最高残留限量(MRL)	农场或其顾客应掌握最新的产品销售(无论国内或国际)市场规定的最高残留限量。最高残留限量通过与顾客沟通确定,并出具满足消费地最高残留限量残留的证据。当目标市场为多个地区时,残留检查系统应满足最严格的最高残留限量的要求	1级		

附表(续)

序号	控制点	符合性要求	级别	符合性	判定依据
1.8.6 植保产品的残留分析(不适用于花卉和观赏性植物)					
1.8.6.2	应采取措施使销售的产品满足消费地最高残留限量的要求	如销售市场的MRL比生产国更严格,生产者或其消费者可证明已在生产过程中考虑了预期销售国家的MRL[通过修订植保产品使用方法和(或)采取农残检测结果证明]	1级		
1.8.6.3	生产者应进行风险评估以确定产品能满足消费地的MRL要求	生产者应进行完整风险评估,内容包括评估植保产品的使用以及其他可能导致MRL超标的潜在风险。风险评估应根据附录D最高残留限量风险评估进行	1级		
1.8.6.4	应根据风险评估来确定是否需要进行农残检测	根据风险评估的结果确定是否需要进行农残分析(提供农残分析结果报告或农场的植保产品残留监控体系的材料)。依据附录D进行最高残余限量风险评估,当风险评估结论要求进行残留检测时,确定识别分析数量、采样程序,并委托经认可的实验室进行检测等。不需要进行残留检测时,以下要求应得到确认: •对之前4年或更早的残留分析结果进行验证并确认没有如残留限量超标、没有使用未经注册的植保产品; •未使用或少量使用植保产品; •接近收获期不使用植保产品(对于喷洒植保产品收获间隔期比收获前的间隔期更长)。 风险评估的验证应由独立的第三方(如认证检查员、行业专家等)或客户完成	1级		

附表(续)

序号	控制点	符合性要求	级别	符合性	判定依据
1.8.6.5	应按照规定的程序取样	应有书面取样规程,证明取样过程符合要求。无论是实验室人员还是生产者按照程序均可进行取样	2级		
1.8.6.6	当超过生产国和(或)消费地最高残留限量时,应及时采取补救措施	当植保产品的最高残留限量超过生产国或消费地时,有书面的补救步骤和措施(包括与顾客沟通、产品追踪等)*	1级		
1.8.6.7	农残检验实验室应通过认可机构依据 GB/T 27025 实施认可	有相关的文件(如:认可证书等)证明农残检验实验室已经通过认可机构依据 GB/T 27025 实施的认可	2级		
1.8.7 植保产品的贮存(如无植保产品贮存时不适用)					
1.8.7.1	植保产品的贮存应符合生产地法律法规的要求	植保产品的贮存符合相关法律法规的要求	1级		
1.8.7.2	植保产品应贮存在一个适宜的地方	植保产品的贮存设施坚固且结构合理。全部适用	2级		
1.8.7.3	植保产品贮存地点应安全	植保产品的贮存设施应上锁以确保安全。全部适用	1级		
1.8.7.4	植保产品贮存地点温度应适宜	植保产品贮存设施选择材料应适宜,且建造地点应适合,以避免温度影响。全部适用	2级		
1.8.7.5	植保产品贮存设施应具有一定的耐火性	植保产品的贮存设施使用了耐火的建筑材料(最低耐烧时间 30min)。全部适用	2级		
1.8.7.6	贮存植保产品的地点应通风良好	植保产品的贮存设施有足够的、持续的通风条件,以保证空气流通,避免有害气体的积聚。全部适用	2级		

附表(续)

序 号	控制点	符合性要求	级 别	符合性	判定依据
1.8.7.7	贮存植保产品的地点照明条件应良好	植保产品的贮存设施有充分的自然光或人工照明,以确保货架上所有产品的标签能够辨识。全部适用	2级		
1.8.7.8	存放植保产品的地点应远离其他物料	使用隔墙或者护墙板类的分隔物来防止植保产品和其他物料间的交叉污染。全部适用	2级		
1.8.7.9	贮存植保产品的货架宜采用非吸收性材料	贮存植保产品的货架材料(如:金属、硬塑料应覆盖有防泄漏层)不吸收泄漏的植保产品	2级		
1.8.7.10	贮存植保产品的设施应能防止泄漏	根据所贮藏液体植保产品最大容器容量的110%,贮存植保产品的设施内有截留槽或在产品周边设立防护堤,以确保不泄漏、渗流或污染到贮存设施外部。全部适用	2级		
1.8.7.11	应有称量和混合植保产品的器具	植保产品的贮存地点或混配地点有称量器具,这些器具至少每年校准1次。贮存地点或混配地点均配有相应器具和设施,如水桶、水源等。全部适用	1级		
1.8.7.12	应有处理植保产品泄漏的设施和器具	植保产品的贮存地点和混配地点应有贮存沙、扫帚、簸箕和塑料袋等物品的固定区域,并进行标识,以便泄漏时使用。全部适用	2级		

附表(续)

序 号	控制点	符合性要求	级 别	符合性	判定依据
1.8.7.13	只有接受过正规培训的员工才能保管植保产品仓库的钥匙和进入植保产品仓库	植保产品存放设施应上锁,且只有受过正规培训并使用植保产品的人员才能进入。全部适用	2级		
1.8.7.14	应有清晰的植保产品存货清单	库存清单清楚记录了存货的信息(包括植保产品的有效期),清单至少3个月更新1次	2级		
1.8.7.15	所有的植保产品应贮存于原包装内	仓库里所有的植保产品的包装采用了原包装,有破损的需更换新包装时,新包装标签上涵盖了原标签所有信息。全部适用	1级		
1.8.7.16	用于认证产品的植保产品应与其他植保产品分开贮存	用于非注册和(或)非认证产品上的植保产品需清晰标示并分别贮存	2级		
1.8.7.17	货架上的液状植保产品不应放在固态植保产品的上方	货架上的液态植保产品不应放在固态植保产品的上方。全部适用	2级		
1.8.8 避免植保产品危害的措施					
1.8.8.1	所有接触植保产品的员工宜每年按当地的规定自愿参加体检	按国家或地方的规定,所有接触植保产品的员工每年自愿参加体检	3级		
1.8.8.2	农场应有人员再次进入施药区间隔期的规定	有清晰的文件规定,根据标签的说明,规定人员再次进入施药区的间隔期。如标签上无相关信息,则员工再次进入种植区域前,植株上喷洒的残留物应干燥	1级		

附表(续)

序号	控制点	符合性要求	级别	符合性	判定依据
1.8.8.3	在距植保产品仓库10m区域内应有明显的事故处理程序	植保产品存放设施和混配地点的10m区域内,有详细的事故处理程序,程序包括救护的基本步骤和措施。全部适用	2级		
1.8.8.4	人员意外污染时,应有相应的处理设施	植保产品的存放设施和混配地点的10m区域内有眼睛清洗设施,有清洁水源、急救箱以及事故处理程序,其中包括应急联系电话、常见事故的基本处理步骤,所有的事故设施和标识应长期保持且清晰可见。全部适用	2级		
1.8.8.5	应按照标签说明正确处理和配制植保产品	为保证植保产品按正确方法充分混配,有充足的器具并按照标签说明进行了处理和配制。全部适用	2级		
1.8.9 使用过的植保产品容器					
1.8.9.1	不允许重复使用植保产品容器	不能以任何方式重复使用植保产品容器。全部适用	2级		
1.8.9.2	在处理用过的植保产品容器时应避免与人直接接触	确保使用过的容器在处理前贮存在安全地点,并有安全操作措施,避免与人体直接接触。全部适用	2级		
1.8.9.3	在处理使用过的植保产品容器时应避免造成环境污染	确保使用过的植保产品容器处理方式环保,从而减少对环境、水源和动植物的污染。全部适用	2级		

附表(续)

序号	控制点	符合性要求	级别	符合性	判定依据
1.8.9.4	对使用过的容器应按照相关规定进行收集和处理	有记录表明已按照相关规定进行收集和处理	2级		
1.8.9.5	使用过的植保产品容器应按照规定的程序贮存并加贴标识	所有使用过的植保产品容器无重复利用,并按照规定程序妥善贮存、操作并加贴标识。全部适用	2级		
1.8.9.6	使用过的容器应经过压力设备清洗或至少用水清洗3次	植保产品容器按照规定的程序用压力设备清洗容器或用水清洗3次。全部适用	1级		
1.8.9.7	冲洗后的液体应放到回收容器内	清洗植保产品容器的液体都已放到回收容器内。全部适用	2级		
1.8.9.8	使用过的植保产品容器在处理前应妥善贮存	所有使用过的容器在处理前有妥善的存放地点,该存放地点与农作物及包装材料隔离,有固定标识,并严禁动物和外人接触	2级		
1.8.9.9	应遵守国家或地方有关处理和销毁植保产品容器的规定	遵守了国家或地方的有关规定	1级		
1.8.10 弃用的植保产品					
1.8.10.1	应按照有关规定妥善保管、标识和处置弃用或过期的植保产品	有记录证明,对弃用或过期的植保产品的处理是按有关规定进行的。无处理条件时,应将弃用的植保产品妥善保管并能够识别	2级		

附表(续)

序号	控制点	符合性要求	级别	符合性	判定依据
1.8.11	施用非肥料和非植保产品物质				
1.8.11.1	施用非肥料和非植保产品物质的情况应进行记录	使用了如自制植物生长调节剂、土质改良剂以及任何肥料和植保产品不能覆盖的物质时应进行记录。记录应包含物质的名称(如果是植物来源或者是从其他物质中得到的或是购买的,也需要记录物质名称)、施用地块、时间和施用量。如国家对此类产品有登记许可制度,则使用的该类产品应符合相关要求。如不使用该类物质则不适用	2级		

【备注】符合性:是——完全满足控制点的要求,在备注栏填写客观证据;否——没有满足控制点的要求;不适用——此条款不适用该农业生产者联合组织,需在不适用及判断依据栏填写不适用的理由。

三、水果和蔬菜模块(1级42个,2级29个,3级9个,共80个)

序号	控制点	符合性要求	级别	符合性	判定依据
1.1	繁殖材料				
1.1.1	品种或根茎的选择				
1.1.1.1	农业生产经营者宜意识到注册产品"亲本作物"有效管理的重要性(即种子作物)	对"亲本作物"采用先进的栽培技术和措施,以减少植保产品和肥料在注册产品上的用量	3级		
1.2	土壤和基质的管理				
1.2.1	土壤熏蒸(无土壤熏蒸时不适用)				
1.2.1.1	应有土壤熏蒸剂使用的书面记录	熏蒸记录包括熏蒸地点、日期、活性成分、剂量、使用方法和操作人员。不允许使用溴化钾进行土壤熏蒸	2级		

附表（续）

序号	控制点	符合性要求	级别	符合性	判定依据
1.2.1.2	应遵守种植前熏蒸剂使用的时间间隔	种植前的熏蒸时间间隔应记录	2级		
1.2.2 基质（无基质使用时不适用）					
1.2.2.1	在使用基质时，农业生产经营者可参与基质再循环计划	农业生产经营者保存包括基质循环数量及日期、收货发票或装载的记录。如果没有参与基质循环计划，应对基质使用做出合理的评估	3级		
1.2.2.2	使用化学品对基质消毒，应记录消毒地点、消毒日期、所用化学品的类别、消毒方式和操作人员的名字	在农场进行基质消毒，应记录农田、果园温室的名字或编号；在农场以外进行消毒，应记录委托基质消毒的公司名称及地点。除此以外记录还包括：消毒日期（年/月/日）、化学品名称及有效成分、施用机械类型（如1000升罐等）、消毒方式（如：浸透、喷雾等）和操作人员（实际使用化学品和实施消毒操作的人员）的姓名等	1级		
1.2.2.3	天然来源的基质应可溯源，且不宜来自指定的保护区域	有记录证实正在使用的天然基质不是源自指定的保护区域	3级		
1.3 灌溉/施肥					
1.3.1 灌溉水质					
1.3.1.1	依据GB/T20014.32013中4.6.3.2条款进行的风险评估应考虑微生物污染	依据风险评估结果，对存在微生物污染的风险应提供经实验室分析的书面记录	2级		
1.3.1.2	依据风险评估结果对存在的危害采取相应措施	有纠正措施或纠偏行动的记录	2级		

附表(续)

序号	控制点	符合性要求	级别	符合性	判定依据
1.3.2　植保产品施用水水质					
1.3.2.1	植保产品配制用水的水质应进行风险评估	风险评估内容应包括水源、植保产品种类(除草剂、除虫剂等)、施用的时机(作物生长阶段)和施用部位(食用部位、其他部位、土地)	1级		
1.3.3　施肥					
1.3.3.1	施肥时应充分考虑产品消费地对注册产品的硝酸盐MRL要求	可通过现行的文件或记录证明。必要时提供注册品种的硝酸盐残留量的检测结果	2级		
1.3.3.2	有机肥应作为基肥以及催芽肥施用,在发芽后不应使用	施用与采收间隔以不影响收获物的安全为准。肥料施用以及采收记录能证明该条款要求	1级		
1.3.4　采前检查					
1.3.4.1	应有证据表明动物活动未造成潜在的食品安全危害	采取适当的措施以减少动物活动可能对种植区域造成的污染。考虑范围应包括田地周围的牲畜、家养动物(自养的动物、看门狗等)。适当时建立缓冲带、物理隔断和围墙	2级		
1.4　采收					
1.4.1　通则					
1.4.1.1	应对采收和离开农场运输整个过程的卫生状况进行风险评估	应形成书面风险评估材料并每年评审更新,风险评估应包括物理、化学、微生物污染和人类传播的疾病危害,还应包括1.4.1.2~1.4.1.12的内容。风险评估应与农场规模、作物类型合格种植技术相适应。全部适用	1级		

附表(续)

序号	控制点	符合性要求	级别	符合性	判定依据
1.4.1.2	采收过程应有文件化的卫生程序	基于风险评估结果形成采收过程卫生程序并文件化	1级		
1.4.1.3	采收过程应执行卫生规程	农场管理者或其他管理人员负责监督采收卫生规程执行情况。全部适用	1级		
1.4.1.4	员工应在处理农产品前,接受基础的卫生培训	有证据表明员工接受过基于采收过程卫生程序的培训。可制作文字(用适当的语种)或图表形式的卫生操作规程,防止包装过程的物理(如:钉子、石头、昆虫、刀具、水果残渣、手表、手机等)、微生物和化学危害	1级		
1.4.1.5	员工应执行产品卫生规程	有证据表明员工掌握采收卫生操作规程,并遵守了卫生操作规程	1级		
1.4.1.6	应对用于农产品处理的容器和工具进行清洁保养,以避免污染	制订收获产品被容器、工具污染的清洁和消毒措施,重复使用的采收容器、工具(如:剪子、刀、修枝剪等)和采收用的设备(机械)应得到清洁和维护。清洁、维修记录应保留	1级		
1.4.1.7	用于运输采收后农产品的车辆应保持清洁。	农场运输农产品的车辆,如还用于其他用途时,应彻底清洁,并有防止收获产品被土壤、灰尘、有机肥、泄漏植保产品等污染的措施	1级		

附表(续)

序 号	控制点	符合性要求	级 别	符合性	判定依据
1.4.1.8	采收作业的员工应能在工作地点就近找到洗手设施	洗手设备设施应清洁卫生以便于员工清洁消毒手部。员工应在便后、接触污染的材料、吸烟/饮食后以及其他使手成为污染源的情况下清洗手部或用含酒精的消毒液处理手部才能重新回到工作岗位。全部适用	1级		
1.4.1.9	采收作业的员工应能在工作地就近使用清洁的厕所	田间应有卫生设施且场所的安排尽可能减少污染产品的风险,便于使用。卫生间(包括深坑式)的建筑材料易于清洁,有收集装置避免污染农田,卫生状况良好。卫生间应在作业场所附近(500m内或7min能达到),也可以在500m范围之外,但应给员工提供方便的交通工具。作业场所附近的卫生间数量应满足员工的需求。当采收操作的员工在采收时不接触产品(如机械采收)的情况下则不适用该条款	2级		
1.4.1.10	存放农产品的容器应专用	存放农产品的容器是专用的(即不存放化学品、润滑油、汽油、清洁剂、其他植物或废弃物、餐盒等)。当使用多用途的拖车、手推车盛放农产品时,应采取措施防止造成的交叉污染	1级		
1.4.1.11	应有针对温室玻璃及透明塑料的书面处理程序	应有防止温室玻璃或透明塑料碎片造成的收获产品污染的措施,并形成书面程序	2级		

附表(续)

序 号	控制点	符合性要求	级 别	符合性	判定依据
1.4.1.12	采收过程中使用冰的应源自符合生活饮用水标准且在卫生条件下制成的,以免对收获物的污染	所有在采收点使用的冰应源于饮用水,且在卫生条件下处理,以免农产品受到污染	1级		
1.4.2 在采收点进行农产品最终包装(适用于最终包装和最后一次接触产品发生在采收点)					
1.4.2.1	应考虑在农田、果园或温室里直接收获、处理和包装农产品以及农场内的短期存放农产品的整个过程的卫生操作规程	根据采收过程风险评估结果,所有直接从农田、果园或温室里包装和处理的农产品应当日运出。所有在农田包装的农产品应有遮盖物,以避免包装后受到污染。如产品在农场内短期存放,应有防止农产品遭受污染的相应措施	1级		
1.4.2.2	应有书面的产品检验规程和品质检验记录,保证符合规定的品质标准	有书面的检验规程和品质检验相关记录,保证包装的产品符合规定的品质标准	2级		
1.4.2.3	包装后产品应能避免污染	所有在采收点包装后的产品应避免污染	1级		
1.4.2.4	所有直接从采收点里收集、贮存和配送的包装农产品,应保持清洁和卫生	贮存在农田、果园或温室区域内包装后的农产品应保持清洁	1级		
1.4.2.5	用于采收点的包装材料的贮存应有防护避免污染	包装物料的贮存应有防护避免污染	1级		
1.4.2.6	包装物料碎片和其他非生产性废弃物应被清理出采收点	包装物料碎片和其他非生产性废弃物应被清理出采收点	2级		
1.4.2.7	当包装后的农产品贮存在农场,(适当时)应有温度和湿度控制并记录	根据农产品品质要求,贮存在农场的农产品应保持适宜的温度和湿度控制并保持记录	1级		

附表(续)

序号	控制点	符合性要求	级别	符合性	判定依据
1.5 农产品处理(农产品包装场所未就农产品处理申请良好农业规范认证的则不适用)					
1.5.1 卫生评估					
1.5.1.1	应对采收后农产品处理的程序,包括操作卫生方面进行风险评估	应有书面且每年评审更新的风险评估,其中包括可能的物理、化学、微生物污染和人类传播的疾病风险,风险发生的可能性和严重性,针对包装车间的产品和操作流程制订	1级		
1.5.1.2	应有书面的采后处理卫生规程	应有基于风险评估的采后处理活动书面卫生规程	2级		
1.5.1.3	采后处理过程应执行书面的卫生规程	根据采收后农产品处理卫生的风险分析的结论,农场管理者或其他推荐的人员负责执行了卫生规程	1级		
1.5.2 个人卫生					
1.5.2.1	员工应在处理农产品前,接受个人卫生培训	有证据表明员工接受过个人卫生培训,培训内容包括传播人畜共患的疾病、个人卫生、着装等	1级		
1.5.2.2	员工应在处理农产品时,执行农产品处理卫生规程	有证据表明员工在处理农产品时,执行了农产品处理卫生规程	2级		
1.5.2.3	员工的工作服宜清洁、便于操作并防止污染产品	所有员工的工作服(包括衣服、围裙、套袖、手套等)保持清洁、便于操作,防止污染产品	3级		
1.5.2.4	吸烟、饮食、嚼口香糖和喝饮料应在特定区域内	吸烟、饮食、嚼口香糖和喝饮料应在特定区域内,不允许在农产品处理和存放区(喝水除外)	2级		
1.5.2.5	应在包装车间内建立员工和参观者应遵守的卫生规程信息(如图片或文字标示),该信息应清晰可见	包装车间内建立了员工和参观者应遵守的卫生规程信息,且该信息应清晰可见	2级		

附录

附表(续)

序号	控制点	符合性要求	级别	符合性	判定依据
1.5.3 卫生设施					
1.5.3.1	员工在其工作场所附近应有方便使用的清洁厕所和洗手设施	卫生间的卫生条件良好,若无自动关闭的门则门不能开向农产品处理区域。卫生间周围必要的洗手设施包括无香料的肥皂、清洗和消毒用水和干手设备(尽量接近卫生间,防止潜在的交叉污染)。员工应在工作前、便后、接触过污染的材料、吸烟/饮食后,以及其他使手成为污染源的情况下清洗手部或用含酒精的消毒液处理手部	1级		
1.5.3.2	应有明显标识指示员工洗手后返回工作岗位	标识应清晰可见,指示员工应洗手后才能处理农产品	1级		
1.5.3.3	应为员工准备适当的更衣设施	更衣间应有适当的更衣设施,应穿着保护性工作服	3级		
1.5.3.4	应为员工准备带锁的贮藏柜	更衣设施应准备带锁设施,保障员工个人用品的安全	3级		
1.5.4 包装和贮存区域					
1.5.4.1	应对农产品处理和贮存的设施和设备进行清洁和保养,以避免污染	为避免污染农产品处理和贮存的设施和设备(如加工流水线和设备、墙、地面、贮存区和托盘等),应按照清洁和保养规程制订的频率进行清洁,应有书面的清洁保养记录	2级		

241

附表(续)

序 号	控制点	符合性要求	级 别	符合性	判定依据
1.5.4.2	清洁剂、润滑剂等应存放在专设区,避免对农产品造成化学污染	清洁剂、润滑剂等存放在专设区;农产品包装区隔离,以避免农产品受到化学品污染	2级		
1.5.4.3	可能与农产品接触的清洁剂、润滑剂等应被批准在食品加工使用,标签上的使用说明应得到满足	有文件(即特别的标签提示或技术数据表)证实可能与农产品接触的清洁剂、润滑油等被允许用于食品加工	2级		
1.5.4.4	所有的铲车等运输工具应清洁和保养,且型号适合,避免车辆喷出的废气污染产品	内部运输要保证避免污染产品,应特别关注尾气。铲车和其他驾驶的运输车等应为电动或气动	3级		
1.5.4.5	包装场所的废弃农产品和废弃物应贮存于定期清洗消毒的特定区域	废弃农产品和废弃物贮存于避免污染产品的特定区域,按照清洁规程定期清洗和消毒该区域。但只能存放当日的废弃农产品和废弃物	2级		
1.5.4.6	在农产品处理过程如分级、称重和贮存区域易碎的照明灯应有保护灯罩	农产品处理过程中的照明设备和其他用于农产品处理的设备设施及其材料应是安全的,且应有防护或加固措施以防破碎时污染产品	1级		
1.5.4.7	应有玻璃和透明硬塑料的管理规程	在农产品处理、贮存区域,能够清晰看到玻璃和透明硬塑料的破碎处理规程	2级		
1.5.4.8	包装物料应贮存于清洁卫生的区域,保持清洁	包装物料(包括重复使用的周转箱)清洁且贮存于清洁卫生的区域,避免使用时污染农产品	2级		
1.5.4.9	应防止动物进入	有防止动物进入的措施	2级		

附表(续)

序 号	控制点	符合性要求	级 别	符合性	判定依据
1.5.5 品质控制					
1.5.5.1	有书面的产品检验规程和品质检验记录,确保产品符合标准的要求	有书面的产品检验规程和品质检验记录,以保证产品符合确定的品质标准	2级		
1.5.5.2	如果包装后的农产品贮存在农场,(适用时)应有温度和湿度控制并保持记录	包装后的农产品贮存在农场时,(适用时)应有温度和湿度控制措施(适用时且包括气调控制),并保持记录	1级		
1.5.5.3	应对光敏感的农产品(如:马铃薯)采取避光措施,防止光照进入长期贮存的设施中	经检查无光线射入	1级		
1.5.5.4	宜考虑轮储	为最大限度地保证产品品质和安全,宜考虑轮储	3级		
1.5.5.5	应有温度控制设备的检测验证规程	称重和温度控制设施应定期验证,保证设备良好状态,对设备定期进行校准	2级		
1.5.6 有害生物的控制					
1.5.6.1	在包装和贮存区域应对有害生物数量进行监控,并对监控措施进行评估以证明对有害生物进行的监控是有效的	了解相关情况。感官评估。全部适用	2级		
1.5.6.2	应有设置有害生物诱捕点和(或)陷阱点的计划	应有设置啮齿动物诱捕点的计划,全部适用。产品处理场所未申请注册的除外	2级		
1.5.6.3	诱饵放置的方式应防止非目标生物的进入	感官评估,诱饵放置的方式考虑了非目标生物的进入,全部适用。产品处理场所未申请注册的除外	2级		

附表(续)

序号	控制点	符合性要求	级别	符合性	判定依据
1.5.6.4	应有有害生物控制检查和有害生物处理的详细记录并保存	有计划地安排对有害生物进行的监控,并应能提供有害生物控制检查及后续处理措施的记录	2级		
1.5.7 采收后的清洗(采收后不清洗的则不适用)					
1.5.7.1	清洗农产品的水质应符合国家生活饮用水的相关要求	在最近12个月内,对清洗农产品的水源进行水质分析。水质分析结果达到国家生活饮用水的要求	1级		
1.5.7.2	当清洗农产品的水是循环使用时,水应过滤,定期监测循环用水pH值、纯度和消毒液的暴露水平等	当清洗农产品的水是循环使用时,应经过过滤和消毒,有记录表明其pH值、纯度和消毒液的暴露水平等数据是被经常监测的,过滤时应有效去除固体及悬浮物质,对水的使用情况和用量采取的日常清洁方案有文件记录	1级		
1.5.7.3	进行水质分析的实验室宜符合有关规定	对清洗用水进行检验的实验室符合GB/T 27025的要求或得到国家认可机构的认可	3级		
1.5.8 采收后的处理(采收后不处理的则不适用)					
1.5.8.1	使用的植保产品应遵守标签中的说明	植保产品的使用有清晰的规程,并有相应的使用记录,证明植保产品使用严格遵守了标签上的使用说明	1级		
1.5.8.2	采收后使用的植保产品应经过国家注册	所有采收后适用的植保产品有官方注册或得到相关的政府机构许可,能用于其标签上标注的农产品类别。在未实施官方注册的地区,使用符合《国际农药供销和使用行为守则》	1级		

附表（续）

序号	控制点	符合性要求	级别	符合性	判定依据
1.5.8.3	销售的农产品不得使用消费地禁用的植保产品	有文件记录显示，在最近12个月中未使用消费地禁用的植保产品	1级		
1.5.8.4	应保存一份适时更新的在农产品上使用的植保产品清单，清单应考虑产品消费地法律法规最新变化	在最近12个月有一份适时更新当前和以后将被考虑用于处理采后农产品的植保产品清单，清单考虑了产品消费地在植保产品上的最新变化，列出了所使用的植保产品的商品名和有效成分。全部适用	2级		
1.5.8.5	农产品处理技术人员应具备使用植保产品的技能	技术人员应有国家认可的证书或经过正式培训以证明其有能力使用植保产品	1级		
1.5.8.6	应记录采后植保产品的使用情况，包括农产品的标识［即农产品的批次和（或）批号］	采后植保产品的使用记录包括了所有经处理的农产品的批次和（或）批号	1级		
1.5.8.7	清洗最终农产品的水质应符合国家生活饮用水标准要求	在最近12个月内，对清洗农产品的水质进行了分析。水质分析结果达到国家生活饮用水的限量要求	1级		
1.5.8.8	农产品采后处理使用的植保产品应和其他产品、材料分开存放	植保产品和其他产品、材料分别存放，以防止产生交叉污染	1级		
1.5.8.9	应记录采后植保产品的使用地点	记录所有采收后使用植保产品的农场的地理位置、名称、基本情况或农产品处理地点	1级		
1.5.8.10	应记录采后植保产品的使用日期	记录所有采收后植保产品处理的准确日期	1级		

附表(续)

序 号	控制点	符合性要求	级 别	符合性	判定依据
1.5.8.11	应记录采后所用的植保产品的处理方式	记录采后植保产品用于农产品的处理方式,如:喷洒、浸透、气体处理等	1级		
1.5.8.12	应记录采后所用的植保产品的商品名	记录采后植保产品的商品名和有效成分	1级		
1.5.8.13	应记录采后使用的植保产品的用量	记录使用在农作物上的采后植保产品的用量,如在每升水或其他溶剂中加入的质量或体积	1级		
1.5.8.14	应记录采后使用植保产品的操作人员的姓名	记录使用植保产品的操作人员姓名	2级		
1.5.8.15	应记录采后使用植保产品的原因	记录采后植保产品所处理的病、虫害的名称及原因	2级		
1.5.8.16	所有的采收后使用的植保产品应考虑到GB/T 20014.3—2013中4.8.6的要求	有记录证明采后所用的植保产品满足了GB/T 20014.3—2013中4.8.6的要求	1级		

【备注】符合性:是——完全满足控制点的要求,在备注栏填写客观证据;否——没有满足控制点的要求;不适用——此条款不适用该农业生产者联合组织,需在不适用及判断依据栏填写不适用的理由。

四、检查结果

1.不符合项计算

一级控制点总数:___个	不适用的一级控制点数:___个	全部适用的一级控制点不符合数:___个
二级控制点总数:___个	不适用的二级控制点数:___个	全部适用的二级控制点不符合数:___个
三级控制点总数:___个	不符合三级控制点总数:___个	全部适用的三级控制点不符合数:___个

2.不符合项列表

序 号	条款号	不符合级别	不符合项目描述	需要的验证方式（书面、现场、其他）	整改期限

3.不符合项整改情况

4.内部检查人员签字确认

检查日期		内部检查员签字确认	
检查日期		内部检查员签字确认	
检查日期		内部检查员签字确认	
检查日期		内部检查员签字确认	

参 考 文 献

[1] 韩凤珠,赵岩.甜樱桃优质高效生产技术[M].北京:化学工业出版社,2014.

[2] 郭晓成,王养利.大樱桃栽培新技术[M].杨凌:西北农林科技大学出版社,2005.

[3] 韩凤珠,赵岩,王家民.图说大樱桃温室高效栽培关键技术[M].北京:金盾出版社,2009.

[4] 王田利.中国大樱桃产业的发展历史、现状及前景[J].山西果树,2014(2):45-47.

[5] 赵改荣,黄贞光.樱桃优质丰产栽培技术彩色图说[M].北京:中国农业出版社,2012.

[6] 潘凤荣,关海春,郝瑞敏,等.大樱桃新品种简介[J].北方果树,1999(5):30-31.

[7] 王志强.甜樱桃优质高产及商品化生产技术[M].北京:中国农业科技出版社,2001.

[8] 张鹏.樱桃高产栽培[M].北京:金盾出版社,1993.

[9] 谷大军,周朝辉,艾佳音.大连樱桃避雨栽培模式生产现状及发展建议[J].中国南方果树,2022(6):252-256.

[10] 袁玥,吴延军,武凯翔.避雨栽培对南方甜樱桃生长发育的影响研究进展[J].现代农业科技,2019(11):59-31.

[11] 地理标志产品　灞桥樱桃[Z].陕西省地方标准,DB/T518—2011.